천재지변 탐사학교

천재지변 탐사학교

1판 1쇄 펴낸날 2008년 2월 22일
1판 8쇄 펴낸날 2018년 4월 10일

지은이 자연탐사학교
펴낸이 정종호
펴낸곳 (주)청어람미디어

편집 윤정원
표지 및 본문 디자인 나인플러스
마케팅 김상기
제작·관리 정수진
인쇄·제본 한영문화사

등록 1998년 12월 8일 제22-1469호
주소 03908 서울시 마포구 월드컵북로 375, 402호(상암동)
전화 02)3143-4006~8
팩스 02)3143-4003
포스트 post.naver.com/chungaram_media
이메일 chungaram@naver.com

ISBN 978-89-92492-25-6 03400
잘못된 책은 구입하신 서점에서 바꾸어 드립니다. 값은 뒤표지에 있습니다.

이 도서의 국립중앙도서관 출판시도서목록(CIP)은
e-CIP 홈페이지(http://www.nl.go.kr/cip.php)에서 이용하실 수 있습니다.
(CIP제어번호: CIP2008000412)

천재지변

지구 속부터 우주까지
천재지변에 숨겨진 과학원리

탐사학교

자연탐사학교 지음

청어람미디어

천재지변은 과학입니다

　여러분은 '천재지변'이라고 하면 무엇이 떠오르나요? 혹시 지난 2004년 12월 26일 인도네시아 수마트라 섬을 강타했던 쓰나미로 수많은 사람들이 목숨을 잃었던 처참한 모습이 생각나나요? 또, 2005년 8월 미국 남동부에 상륙했던 허리케인 카트리나가 생각나나요? 그때 피해를 입었던 미국 뉴올리언스는 아직도 복구가 되지 못한 채 흉물스럽게 남아 있습니다.

　쓰나미나 태풍과 같이 어느 날 갑자기 들이닥치는 자연재해도 있지만, 지구 온난화와 대기오염처럼 인간들이 만들어낸 지구 환경의 변화도 있습니다. 어떻게 보면 이쪽이 더 무서운 천재지변일 수 있지요. 지구의 기후 변화에 관해 집중적으로 연구하는 미 해양대기국NOAA의 전문가들과 유엔개발계획UNDP 기후변화회의에서 제출한 자료에 의하면 기후에 의한 급격한 환경 변화가 먼 옛날 있었던 이야기나 먼 훗날 있을지도 모를 꿈 같은 이야기가 아니라고 합니다. 온도 상승이 지금 추세대로 이어진다면 2050년경에는 지구에 있는 모든 빙하가 녹고, 해수면 상승으로 해안 저지대를 비롯하여 많은 도시가 물에 잠길 것이라고 합니다. 특히 우리나라는 지구의 평균 온도 상승률보다 더 빠르게 온도가 올라가고 있어 우려의 목소리가 높습니다. 삼면이 바다로 둘러싸여 있으니까요.

　물론 빠르게 변하는 지구의 기후가 자연현상인지 인간 활동에 의한 것인지 정확한 원인을 파악하기는 어렵습니다. 그러나 많은 과학자들이 20세기 급격한 기후 변화의 원

인이 인간 활동에 의한 것이라고 말합니다. 산업혁명 이후 화석 연료를 많이 사용하면서 대기 중에 이산화탄소의 양이 많이 늘어났고, 그 결과 지구 온난화가 빠르게 진행되었기 때문입니다.

이 '천재지변'이라는 말은 과학적인 용어가 아닌 것처럼 들립니다. 마치 우리가 알 수 없는 영역에 대한 이야기 같죠. 천재지변과 과학이 어떻게 연결될 수 있을까 궁금할 것입니다. 하지만 천재지변, 즉 자연재해와 기상 이변에 관해 탐구하는 일은 과학자들에게 매우 중요한 연구과제 중 하나입니다. 과학자들은 우리에게 피해를 입히는 자연현상에 관심을 갖고 과학적으로 이해하려고 합니다. 그래야만 천재지변에 의한 피해를 줄일 수 있고, 우리의 재산과 생명을 보호할 수 있으니까요.

이 책에서는 천재지변, 즉 갑작스럽게 일어나는 자연현상에 초점을 맞추고 우리가 꼭 알아야 할 내용을 하나씩 알아보려고 합니다. 천재지변이나 자연재해가 나와는 관계없는 일이라고 생각하는 사람도 있을지 모릅니다. 그러나 지구상에서 살고 있는 사람이라면 누구나 생명에 위협을 줄 정도로 큰 천재지변을 살아가면서 한 번 이상 만나게 된다고 합니다. 그 사건은 언제, 어디에서, 어떻게 나타날지 모르는 일이지요. 따라서 우리 주변에서 일어날 법한 천재지변을 제대로 알고 있다면 피해를 당하지 않을 수도 있고, 미리 대처할 수도 있습니다.

　천재지변은 학교에서 독립된 과목으로 배우는 것은 아니지만 여러 교과에서 다양한 학습 주제로 다루어지고 있습니다. 과학 교과는 물론 사회 교과에서도 폭넓게 다루고 있으며, 대학입학 전형에서도 지구의 환경과 기후 변화는 자주 등장하는 주제입니다. 이 책을 통해 과학시간에 배우는 자연현상의 원리와 개념을 정확하게 이해할 수 있는 기회를 얻게 될 것입니다.

　이 책에서는 천재지변과 관련한 자연현상을 몇 가지로 구분해서 살펴보고자 합니다. 〔1교시〕 대기 운동 탐사에서는 태풍, 번개, 토네이도를, 〔2교시〕 지각 운동 탐사에서는 지진, 화산, 산사태를, 〔3교시〕 지구 환경 탐사에서는 지구 온난화, 대기오염, 물 부족 문제를, 〔4교시〕 우주 변동 탐사에서는 천체 충돌, 지구 자기권에 대해 자세히 알아보고자 합니다. 특히 우리나라에서 매년 많은 피해를 일으키는 태풍과 산사태의 원인과 변화과정을 과학적으로 알아보는 것은 중요한 일이 될 것입니다.

　이 책은 지구과학교육연구회 자연탐사학교에서 활동하는 과학 교사들이 엮은 책입니다. 학생들을 가르치다가 자주 다루게 되는 현상들과 미디어를 통해 자주 듣게 되는 자연현상을 중심으로 구성했습니다. 이 책은 중·고등학생들이 읽고 이해할 수 있도록 쉽고 자세하게 쓰려고 노력했기 때문에 이 분야의 전문가가 아닌 일반인들에게도 적합한 책이 될 것입니다. 다만 더 자세한 내용을 알고 싶은 독자들은 좀 더 깊게 다룬 전문서적을 찾아 읽어보면 좋을 것입니다. 이 책을 통해 여러분이 천재지변과 자연재해를 좀 더 정확하게 이해하고, 자연현상을 과학적으로 설명할 수 있는 기본적인 능력을 갖추게 되었으면 좋겠습니다.

올해는 유엔이 정한 국제 지구의 해 International Year of Planet Earth 입니다. 지구의 환경 변화가 심각해지고 있는 지금이야말로 지구에 사는 모든 사람들이 지구 환경을 보존하기 위해 함께 노력해야 할 때입니다. 이 책을 읽고, 지구 환경을 보존하는 데 어떤 역할을 할 수 있을지 생각해보는 것도 의미 있을 것입니다. 끝으로, 책의 구상에서 내용 구성, 그리고 마무리까지 함께 논의해준 자연탐사학교 선생님들과 편집을 맡아 수고해준 청어람미디어 가족께 감사드립니다.

2008년 1월

저자들을 대표하여 박정웅 올림

CONTENTS
차례

1교시 대기 운동 탐사

2교시 지각 운동 탐사

CONTENTS
차례

3교시 지구 환경 탐사

TYPHOON

SURGE

HURRICANE

1교시
대기 운동 탐사

TORNADO

EARTHQUAKE

LIGHTNING

천 재 지 변 탐 사 학 교

CHAPTER 01 **태풍**

CHAPTER 02 **번개**

CHAPTER 03 **토네이도**

 관 련 단 원

CHAPTER 01 태풍
중학교 과학3 : 물의 순환과 날씨 변화
고등학교 과학 : 대기와 해양
고등학교 지구과학1 : 살아 있는 지구
고등학교 지구과학2 : 대기의 운동과 순환

CHAPTER 02 번개
중학교 과학2 : 전기
중학교 과학3 : 물의 순환과 날씨 변화
고등학교 과학 : 대기와 해양, 전기 에너지
고등학교 지구과학2 : 대기의 운동과 순환

CHAPTER 03 토네이도
고등학교 지구과학2 : 대기의 운동과 순환

TYPHOON

CHAPTER

01

태풍

매년 여름부터 초가을 무렵까지 우리는 종종 '태풍'이라 불리는 불청객의 방문에 촉각을 곤두세우곤 한다. 이 불청객은 때론 스치듯 비켜가 안도의 한숨을 쉬게 하지만 때론 무서운 바람과 엄청난 폭우를 동반한 채 들이닥쳐 모든 것을 쓸어가기도 한다. 태풍이란 어떤 현상이며 얼마나 강력할까?

01 🌐 태풍과 그 형제들

태풍颱風은 북태평양 남서 해상에서 소용돌이치며 발생하는 강력한 열대 저기압Tropical Cyclone 중 중심 최대 풍속이 17m/s 이상인 강한 폭풍우를 동반하는 기상 현상이다.* 열대 저기압이라는 용어에서 알 수 있듯이 주로 열대 지방에서 발생하며, 북반구에서는 반시계 방향, 남반구에서는 시계 방향으로 거대한 회전 운동을 하는 저기압*의 특성을 그대로 가지고 있다. 지구에는 매년 80개 정도의 열대 저기압이 발생하는데, 북태평양 남서 해상에서 발생하여 우리나라를 포함하는 아시아에 영향을 주는 것을 태풍Typhoon, 북대서양, 카리브 해, 멕시코 만과 북태평양의 남동부 해상에서 발생하는 것을 허리케인Hurricane, 인도양과 호주 부근의 남태평양 해상에서 발생하는 것을 사이클론Cyclone이라고 부른다. 태풍, 허리케인, 사이클론은 발생하는 장

태풍 매미(2003)

허리케인 카트리나(2005)

사이클론 인그리드(2005)

▲ **태풍과 형제들**
태풍과 허리케인, 사이클론은 발생지역에 따라 구분하는 것일 뿐 근본적으로 동일한 현상이다. 남반구에서는 시계 방향으로 회전하므로 인그리드의 회전 방향만 반대로 보인다.

태풍과 중심 최대 풍속 세계기상기구(WMO)에서는 열대 저기압을 중심 부근의 최대 풍속에 따라 열대 저압부(TD, 17m/s 미만), 열대 폭풍(TS, 17~24m/s), 강한 열대 폭풍(STS, 25~32m/s), 태풍(TY, 33m/s 이상)으로 세분화하여 구분하지만 우리나라와 일본에서는 중심 최대 풍속이 17m/s 이상이면 모두 태풍이라고 부른다.

저기압 주위보다 기압이 낮은 곳을 말하며, 북반구에서는 지면에서 반시계 방향으로 회전하며 모인 공기가 상승하는 운동을 한다.

소와 영향을 주는 지역에 따라 명칭만 다르게 부를 뿐 동일한 탄생과정과 비슷한 운명을 가진 형제들인 셈이다. 이들 형제 중 발생 횟수나 덩치로 순서를 매긴다면 태풍이 제일 맏형이다.

우리나라에는 얼마나 자주 태풍이 찾아올까? 피해가 집계되기 시작한 1904년 이래로 우리나라에는 해마다 연평균 3.1개의 태풍이 찾아와 직간접적인 영향을 미친다. 약 91%가 여름과 초가을인 7~9월에 집중되므로 해마다 여름이 되면 기상청 예보관들은 바짝 긴장하며 태평양 해상의 인공위성 구름 영상을 주목한다.

태풍으로 귀화한 허리케인

태평양에서 태풍과 허리케인을 구별하는 경계는 날짜 변경선을 기준으로 한다. 보통의 경우 허리케인은 날짜 변경선의 동쪽에서 발생해서 대부분은 동태평양 해상에 머물다 소멸한다. 하지만 허리케인 중에 날짜 변경선을 넘어 북서태평양으로 이동해 오는 경우가 가끔 있다. 이것은 허리케인일까, 태풍일까? 이럴 경우에는 태풍으로 분류하고, 터풍의 이름은 관례에 따라 허리케인의 이름을 그대로 사용한다. 허리케인이 날짜 변경선을 넘어 서쪽으로 이동한 사례는 1951년부터 2006년 10월까지 15회 발생해서 약 4년에 한 번 꼴로 나타났다. 가장 최근에는 2006년 8월 19일에 발생한 태풍 이오케(IOKE)가 그런 경우인데, 8월 27일 날짜 변경선을 넘어서면서 태풍이 되었다. 이러한 태풍들은 오랜 시간 바다를 지나면서 매우 강하게 성장하고, 수명도 일반 태풍보다 길다. 그러나 이동경로를 감안할 때 이러한 태풍이 우리나라에 영향을 줄 일은 거의 없다.

02 ⊕ 태풍 이름은 어떻게 만들까?

태풍은 보통 일주일 넘게 유지될 수 있기 때문에 동시에 여러 개의 태풍이 비슷한 지역에 나타날 수 있다. 실제로 1960년 8월 23일에는 하루 동안 북태평양 남서 해상에 5개의 태풍이 동시에 나타나기도 했다. 이러한 이유로 예보의 혼돈을 줄이기 위해 호주의 예보관들은 태풍에 비공식적으로 이름을 붙이기 시작했다. 재미있게도 이들은 태풍에

태풍 이름, 여기에 다 있다!

2000년부터 태풍 이름은 태풍위원회 회원국 중 싱가포르를 제외한 14개 회원국(캄보디아, 중국, 북한, 홍콩, 일본, 라오스, 마카오, 말레이시아, 미크로네시아, 필리핀, 한국, 태국, 미국, 베트남)에서 10개씩 제안한 이름을 순서대로 사용한다.

국가명	1조	2조	3조	4조	5조
캄보디아	돔레이(Damrey)	콩레이(Kong-rey)	나크리(Nakri)	크로반(Krovanh)	사리카(Sarika)
중국	하이쿠이(Haikui)	위투(Yutu)	펑셴(Fengshen)	두지앤(Dujuan)	하이마(Haima)
북한	기러기(Kirogi)	도라지(Toraji)	갈매기(Kalmaegi)	무지개(Mujigae)	메아리(Meari)
홍콩	카이탁(Kai-tak)	마니(Man-yi)	퐁윙(Fung-wong)	초이완(Choi-wan)	망온(Ma-on)
일본	덴빈(Tembin)	우사기(Usagi)	간무리(Kmmuri)	곳푸(Koppu)	도카게(Tokage)
라오스	볼라벤(Bolaven)	파북(Pabuk)	판폰(Phanfone)	켓사나(Ketsana)	녹텐(Nock-ten)
마카오	잔쯔(Chanchu)	우딥(Wutip)	봉퐁(Vongfong)	파마(Parma)	무이파(Muifa)
말레이시아	절라왓(Jelawat)	서팟(Sepat)	누리(Nuri)	멜로(Melor)	머르복(Merbok)
미크로네시아	이위나(Ewiniar)	피토(Fitow)	신라쿠(Sinlaku)	니파탁(Nepartak)	난마돌(Nanmadol)
필리핀	빌리스(Bilis)	다나스(Danas)	하구핏(Hagupit)	루핏(Lupit)	탈라스(Talas)
한국	개미(Kaemi)	나리(Nari)	장미(Changmi)	미리내(Mirinae)	노루(Noru)
대만	쁘라삐룬(Prapiroon)	위파(Wipha)	매클라(Mekkhala)	니다(Nida)	쿨랍(Kulap)
미국	마리아(Maria)	프란시스코(Francisco)	히고스(Higos)	오마이스(Omais)	로키(Roke)
베트남	사오마이(Saomai)	레기마(Lekima)	바비(Bavi)	콘손(Conson)	손카(Sonca)
캄보디아	보파(Bopha)	크로사(Krosa)	마이삭(Maysak)	찬투(Chanthu)	네삿(Nesat)
중국	우콩(Wukong)	하이옌(Haiyan)	하이셴(Haishen)	디앤무(Dianmu)	하이탕(Haitang)
북한	소나무(Sonamu)	버들(Podul)	노을(Noul)	민들레(Mindulle)	날개(Nalgae)
홍콩	산산(Shanshan)	링링(Lingling)	돌핀(Dolphin)	라이언록(Lionrock)	바냔(Banyan)
일본	야기(Yagi)	가지키(Kajiki)	구지라(Kujira)	곤파스(Kompasu)	와시(Washi)
라오스	샹산(Xangsane)	파사이(Faxai)	찬홈(Chan-hom)	남테우른(Namtheun)	파카르(Pakhar)
마카오	버빈카(Bebinca)	페이파(Peipah)	린파(Linfa)	말로우(Malou)	산우(Sanvu)
말레이시아	룸비아(Rumbia)	타파(Tapah)	낭카(Nangka)	머란티(Meranti)	마와(Mawar)
미크로네시아	솔릭(Soulik)	미톡(Mitag)	소델로(Soudelor)	파나피(Fanapi)	구촐(Guchol)
필리핀	시마론(Cimaron)	하기비스(Hagibis)	몰라베(Molave)	말라카스(Malakas)	탈림(Talim)
한국	제비(Chebi)	너구리(Noguri)	고니(Koni)	메기(Megi)	독수리(Doksuri)
대만	투리안(Durian)	라마순(Rammasun)	모라콧(Morakot)	차바(Chaba)	카눈(Khanun)
미국	오토(Utor)	마트모(Matmo)	아타우(Etau)	아어리(Aere)	비센티(Vicente)
베트남	차미(Trami)	할롱(Halong)	밤코(Vamco)	송다(Songda)	사올라(Saola)

자신이 싫어하는 정치인의 이름을 붙였다. 그러던 것이 제2차 세계대전 이후인 1953년에 와서 공식적으로 태풍에 이름을 붙이기 시작했다. 미 공군과 해군의 예보관들은 여성처럼 온순하고 조용해지라는 의미로 자신의 아내나 애인의 이름을 태풍 이름으로 사용했다. 이 전통에 따라 태풍의 이름에는 여성의 이름만을 사용했다. 그러나 사람에게 피해를 주는 부정적인 자연현상에 여성의 이름만을 붙이는 것은 양성 평등에 어긋난다는 여성 단체들의 항의를 받아들여 1978년 이후부터는 남성과 여성의 이름을 번갈아 쓰고 있다.

북서태평양의 태풍 이름은 1999년까지는 괌에 위치한 미 태풍합동경보센터JTWC에서 정한 미국식 이름을 써왔지만, 2000년부터는 아시아 태풍위원회의 회원국에서 10개씩 제안한 이름을 순서대로 사용하고 있다. 우리에게 친숙한 이름인 태풍 '매미'와 '민들레'는 북한에서 제시한 이름이며, '제비'와 '나비'는 우리나라에서 제시한 이름이다. 태풍 이름 중에서 심각한 피해를 입힌 경우에는 태풍위원회의 심의를 거쳐 다른 이름으로 대체할 수 있다. 이런 이유로 2005년 개최된 제38차 태풍위원회는 우리나라가 제시한 '수달'을 '미리내'로, 북한이 제시한 '봉선화'와 '매미'를 각각 '노을'과 '무지개'로 대체했다.

한편, 태풍은 크기와 강도에 따라 분류할 수 있다. 태풍은 딱딱한 외형을 가진 고체가 아니라 변하고 움직이는 유체流體이므로 크기를 정확히 나타내는 것이 어렵다. 따라서 15m/s 이상인 영역을 태풍의 크기로 정하고, 반지름을 기준으로 소형(300km 미만), 중형(300~500km), 대형(500~800km), 초대형(800km 이상)으로 분류한다. 태풍의 강도는 중심 최대 풍속의 세기에 따라 약(17~25m/s), 중(25~33m/s), 강(33~44m/s), 매우 강(44m/s 이상)으로 분류한다. 미국에서는 사피어-심슨 등급에 따라 중심 기압, 풍속, 해일의 높이, 허리케인이 상륙했을 때 예상되는 피해 정도를 기준으로 카테고리 1부터 5로 분류한다. 영화제목으로도 유명한 '퍼펙트 스톰'은 카테고리

5에 해당하는 초대형 허리케인을 일컫는 말이다. 일반적으로 태풍은 중심 기압이 낮을수록 풍속이 강해지고 그 크기도 커져 위력이 강하다.

03 🌐 태풍의 탄생 비화

바닷물의 온도가 서서히 높아지는 봄부터 시작해서 늦가을까지 북태평양에서는 북동 무역풍과 남동 무역풍이 만나는 적도 전선*을 따라 종종 심상치 않은 기류가 감지된다. 한껏 수증기를 머금은 따뜻한 공기들은 서로 부딪히며 위로 솟구쳐 올라 많은 양의 두꺼운 구름 무리들을 만든다. 대부분의 구름 무리들은 곧 비를 뿌리고 사라졌다가 생성되기를 반복하지만, 구름 무리 속에서 우연히 생긴 작은 소용돌이는 더 많은 수증기를 빨아들이며 무서운 기세로 몸집을 불리며 성장한다. 소용돌이가 빨아들인 수증기는 위로 상승하면서 물방울로 상태 변화하며 잠열*을 내놓고, 이 열을 먹이로 마치 살아 있는 생명체가 성장하듯 소용돌이는 더욱 몸집을 불리고 더 빨리 회전하면서 커진다. 이리하여 마침내 지구상에서 가장 강력하고 위력적인 태풍의 씨앗인 열대 저기압이 탄생한다.

식물이 생장하기에 유리한 자연 환경에 맞춰 생명의 움을 터뜨리듯이 태풍이 태어나고 자란 곳은 태풍의 씨앗이 싹을 터뜨리고 자라기에 좋은 환경을 가졌다. 태풍의 고향은 위도 5~25° 정도에서 수온이 27°C 이상인 따뜻한 바다다. 왜 태풍은 육지에서 태어나지 않고 수온이 높은 바다에서만 태어날까? 왜 적도 바다는 수온이 27°C보다 높은데도 태풍이 생기지 않는 걸까?

전선 온도, 습도 등의 성질이 다른 공기가 만나는 면을 전선면이라 하고, 그 전선면이 지표면과 만나는 가상의 선을 전선이라고 한다.

잠열 기체 상태인 수증기가 가진 잠재적인 열 에너지로, 기체 상태에서 액체 상태로 상태 변화할 때 외부로 방출하는 열 에너지를 말한다.

전향력 구형의 지구가 자전하는 효과로 인해 북반구에서 움직이는 물체의 오른쪽 직각 방향으로 작용하는 가상적인 힘을 전향력(코리올리의 힘, Coriolis Force)이라고 한다. 저위도로 갈수록 작아지며, 적도에서는 힘의 크기가 0이다.

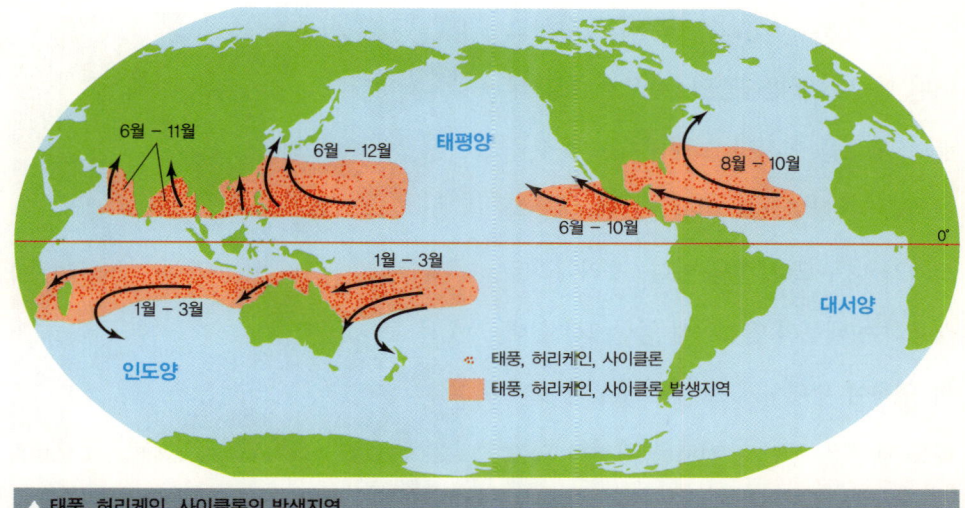

▲ 태풍, 허리케인, 사이클론의 발생지역

태풍, 허리케인, 사이클론은 수온이 높은 위도 5~25°의 따뜻한 바다에서 태어나며, 지구의 자전 효과가 나타나지 않는 적도 부근에서는 발생하지 않는다.

태풍이 적도 부근에서 생기지 않는 이유는 태풍의 뼈대를 구성하고 지속적인 생명을 유지하는 데 꼭 필요한 회전 운동이 지구의 자전 효과(전향력*)에 의해 얻을 수 있기 때문이다. 또, 수온이 27°C가 넘는 따뜻한 해상에서만 발생하는 것은 태풍이 수증기의 잠열을 에너지로 살아가기 때문이다. 태풍이라는 거대한 열기관의 원료가 되는 수증기는 육지보다는 바다에서, 그것도 수온이 높은 바다에서 보다 쉽게, 많이 얻을 수 있음은 너무나 당연하다. 태풍의 이러한 제한적인 탄생 환경은 안락했던 자신의 고향을 떠나 외로운 여행을 하면서 필연적으로 맞이할 수밖에 없는 최후의 운명을 암시한다.

04 🌐 태풍의 겉과 속

지금처럼 인공위성을 비롯한 기상 관측장비와 예보가 발달하지 않았던 시절에 우리 조상들은 태풍의 모습을 어떻게 상상하고 어떤 현상으로 받아들였을까? 아마도 태풍의 모습을 쉽사리 그려내지는 못했을 것이다. 상상만으로 가늠하기엔 태풍의 크기가 너무 크기 때문이다. 우리나라로 상륙하는 태풍의 인공위성 영상에서 흰색의 구름이 뚜렷하게 보이는 부분만 보더라도 태풍은 한반도 전체를 완전히 덮고도 남을 정도다. 우리나라에 주로 영향을 미치는 중급 태풍의 경우, 15m/s 이상의

▲ **태풍의 크기**

뚜렷이 보이는 흰색의 구름 부분만 보더라도 태풍 나비(2005년 9월)는 길이가 약 1,000km에 달하는 한반도 전체를 완전히 덮고도 남을 정도로 크다.

풍속을 가지는 영역만 반지름 300~500km에 달한다. 위성사진을 보지 않는다면 짐작하기 어려운 크기가 아닐 수 없다.

그렇다면 태풍의 키는 얼마나 될까? 대류권*에서 아무리 강한 상승 기류가 생겨서 키가 큰 구름이 만들어지더라도 안정한 층인 성층권*을 뚫고 올라가기는 어렵다. 즉, 대류권과 성층권의 경계가 바로 태풍 높이의 한계다. 태풍의 반지름을 500km, 대류권의 높이를 10km 정도로 볼 때, 태풍의 가로와 세로의 비율은 100 대 1이다. 태풍을 축소시키면 두께 약 1mm, 반지름 약 60mm인 CD보다 반지름이 조금 작은 디스크의 모습과 비슷하다.

위에서 내려다보면 태풍은 두꺼운 구름이 나선 모양으로 중심을 향해 회전하는 모습을 띤다. 이러한 움직임은 태풍의 중심을 향해 모여들며 상승하는 공기에 의해 생성된 구름의 띠가 만들어내는 것으로 북반구에서는 반시계 방향, 남반구에서는 시계 방향

대류권 지면으로부터 높이 약 8~12km까지 고도가 높아질수록 기온이 하강하는 층으로 대류 현상에 의한 기상 현상이 생긴다.

성층권 대류권 위에 있는 층으로, 고도가 높아질수록 기온이 상승하여 대류 현상이 일어나지 않는 안정한 층이다.

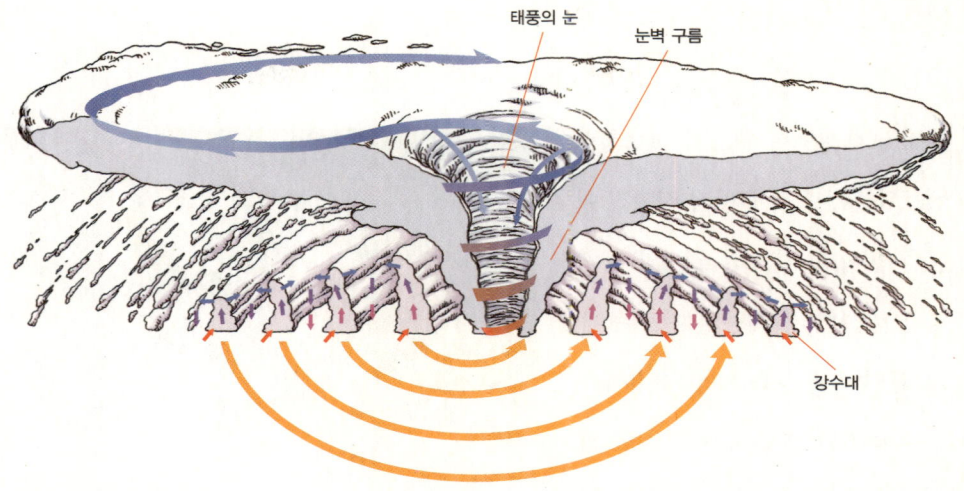

태풍의 눈   눈벽 구름

강수대

강한 바람과 많은 비가 내리는 눈벽 구름이 태풍의 눈을 감싸고 있다. 태풍의 눈에서는 약한 하강 기류가 생겨 구름 없는 맑은 하늘을 볼 수 있다.

으로 회전하는 전형적인 저기압의 모습이다. 태풍의 회전은 태풍 내부와 외부의 기압 차이, 지구 자전에 의한 회전 효과(전향력), 마찰력의 균형 관계에 의해 만들어진 것으로 태풍의 기본 뼈대를 유지하는 중요한 역할을 한다.

중심으로 갈수록 더욱 강력해지는 회전력은 태풍의 중심 부근에 바람이 없고 맑기까지 한 신비의 구역 '태풍의 눈'을 만든다. 위성사진에서 태풍의 눈은 흰색 구름의 소용돌이 가운데 검은 점으로 나타나며, 그 크기는 보통 20~50km 정도이지만 큰 것은 100km에 달하기도 한다. 태풍의 눈은 세력이 강할 때는 뚜렷이 나타나지만 세력이 약해지면 흐릿해지는 특징이 있다. 크고 두꺼운 눈벽 구름eyewall cloud이 태풍의 눈을 에워싸고 있으며 그 바깥쪽에는 층층이 둘러싸고 많은 비를 뿌리는 구름 띠인 강수대가 있다. 태풍의 눈이 지나는 지역에서는 점점 강한 비바람이 몰아치다가 거짓말같이 고요하고 구름의 장벽이 사라진 푸른 하늘을 볼 수 있다. 하지만 곧 또다시 엄청난 비바람을 동반한 폭풍이 밀려올테니 방심은 절대 금물이다.

05 🌐 일반적인 경로와 변수들

태평양 해상에서 태풍이 발생하면 예보관들은 순서에 따라 정해진 이름을 붙이고, 태풍의 규모와 움직임을 주시한다. 태풍의 진로는 대기 표면에서 상층까지 각 층에서 부는 바람과 태풍 주변의 기압 배치에 따른 바람의 분포 등 복합적인 요인에 의해 결정된다. 우리나라에 영향을 주는 전형적인 태풍은 처음에는 동풍인 무역풍에 의해 서쪽으로 운동하다 편서풍이 지배하

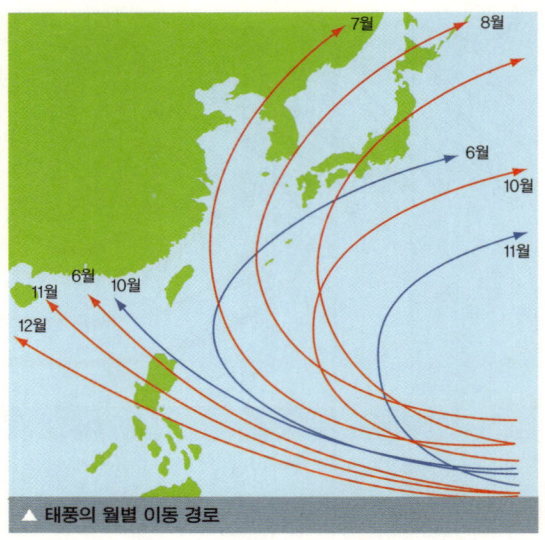

▲ 태풍의 월별 이동 경로

태풍은 대개 북서쪽으로 이동하다가 북동쪽으로 방향을 바꾸며 북상한다. 태풍의 경로는 여러 요인에 의해 변하지만 보통 7~9월에 우리나라로 향하는 경우가 많다.

는 중위도에서는 진로를 북동쪽으로 바꾸는 것이 보통이다. 8월 중순에서 9월 초에는 태풍이 우리나라 쪽으로 진행해 오는 일이 많으며 여름에서 가을로 넘어갈수록 북태평양 고기압의 세력이 약해지면서 태풍의 진로가 일본 쪽으로 치우치는 경향이 많다.

  하지만 태풍의 통상적인 진로는 단지 태풍의 진로를 예측하는 데 참고자료일 뿐이며 실제 이동 경로를 정확히 예측하는 것은 매우 어려운 일이다. 태풍의 진로에 영향을 주는 변수가 너무 많고 이 변수들의 관계가 복잡하게 얽혀 있기 때문이다. 통계적으로 우리나라에 영향을 미치는 태풍 중 약 88%는 위와 같은 일반적인 경로를 따라 이동하는 반면, 12%는 전혀 예상할 수 없는 엉뚱한 방향으로 진행한다. 또한 일반적인 경로를 따라 진행한다 하더라도 얼마의 속도로 이동할지, 어느 지점에서 진행 방향을 동쪽으로 전환하게 될지, 얼마 정도 꺾여서 진행할지 등을 예상하는 것은 매우 어렵다.

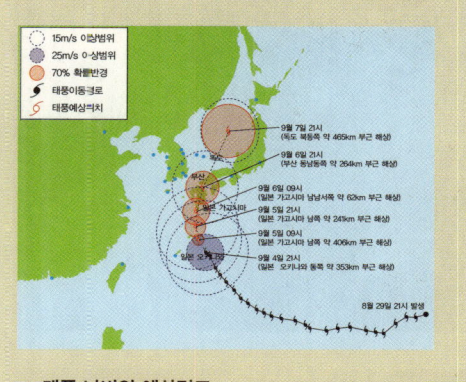
06 🌐 지구의 구조대원으로 임명합니다

태풍이 어떤 경로를 택하든, 이동하는 동안 충분한 수증기만 계속 공급된다면 세력을 그대로 유지하거나, 혹은 더 강력해질 수도 있다. 실제로 많은 학자들은 태풍의 규모가 점점 더 커지고 태풍의 수명이 길어지는 현상들이 지구 온난화에 따른 해수면의 온도 상승에 기인한다고 보고 있다. 하지만 대부분의 태풍은 고향을 떠나 북상하면서 바닷물의 온도가 낮아져 수증기가 충분히 공급되지 못해 필연적으로 약해지고, 특히 대륙에 상륙한 태풍은 더 이상 수증기가 공급되지 않아 힘없이 소멸해버린다.

왜 태풍은 성장하고 자라기에 좋은 따뜻한 보금자리를 떠나 북쪽을 향해 머나먼 죽음의 여정을 떠나는 것일까? 우리는 태풍이라는 극단적인 기상 현상이 생길 수밖에 없는 지구의 상황을 통해 태풍의 기구한 운명을 이해할 수 있다. 지구는 구형이므로 지면에

▲ 태풍의 소멸과정
해상에 있을 때는 선명한 눈과 대칭적으로 잘 발달된 모습이었던 태풍 나비가 육지에 상륙하면서 세력이 약해져 편서풍에 의해 구름들이 동쪽으로 흩어지며 소멸하고 있다.

도달하는 태양 복사 에너지는 위도에 따라 다를 수밖에 없다. 즉, 적도는 항상 에너지가 넘치지만 극 지방은 늘 에너지가 부족한 에너지 불균형 상태에 놓인다. 자연은 이러한 불균형을 해소하기 위해 대기와 해수의 순환을 통해 적도의 과잉 에너지를 극 지방으로 수송하지만, 이것으로 에너지 불균형 상태가 모두 해소되지는 않는다. 지구는 태풍과 같은 극단적인 기상 현상을 통해 에너지를 이동시켜 에너지 불균형을 완화하는 것이다. 태풍은 저위도의 남는 에너지를 잔뜩 담아 북쪽으로 가져간 후 마침내 자신을 희생함으로써 지구가 자신에게 부여한 임무를 훌륭하게 완수한다. 태풍은 인간에게 무서운 자연재해로 생각될 수 있지만 지구 입장에서 보면 지구의 건강을 지켜주는 참으로 고마운 구조대원인 셈이다.

07 ◉ 원자폭탄 만 개의 힘

태풍의 위력은 어느 정도나 될까? 태풍은

태풍 소멸 프로젝트

해마다 수십 명의 인명 피해와 엄청난 재산 피해를 입히는 태풍은 매년 여름 찾아오는 골칫덩이다. 마치 SF 영화처럼 태풍을 우리 마음대로 조절하고 피해를 막을 수 있는 방법은 없을까? 1947년 10월 13일 B-17 폭격기 한 대가 무서운 바람을 뚫고 허리케인 속으로 450kg의 드라이아이스를 3회에 걸쳐 뿌렸다. 시러스 프로젝트(Project Cirrus)로 불리는 이 실험은 허리케인의 세기를 조절하려는 과학자들의 첫 실험이었다. 그러나 이들의 자랑스런 성공 발표가 무색하게 점점 약해져가던 허리케인이 실험 후 도리어 세력이 강해지면서 많은 인명과 재산 피해를 내고 말았다. 허리케인이 강해진 것이 이 실험의 영향인지는 분명하지 않았지만 이 계획은 원성을 샀다.

주목받지 못했던 이 계획은 1962년 스톰퓨리 프로젝트(Project Stormfury)로 부활했다. 태풍의 눈벽 구름 바깥에 인공 얼음핵(요오드화은)을 뿌리면 새로운 눈벽 구름이 자라면서 원래의 눈벽 구름을 약하게 만드는 것을 이용해 허리케인의 위력을 떨어뜨리려는 시도였다. 1963년 허리케인 뷸라, 1969년 허리케인 데비에 적용한 실험은 어느 정도 성공하는 듯했다. 하지만 이러한 실험이 진행되면서 주변국에 나타나는 기상 이변에 대해 끊임없는 의구심과 원성을 들어야 했고, 주변의 많은 나라의 강력한 반대에 부딪혀 이 계획도 표류하고 말았다. 나중에는 이 계획의 기본 가설이 잘못되었다는 사실도 밝혀졌다.

이 두 번의 프로젝트는 과학적인 성공 여부가 불분명하고 그 가능성 역시 불투명하지만 인위적으로 기상 현상을 제어하려는 인간의 욕심에 대해 좀 더 신중한 성찰이 필요하다는 사실을 보여준다. 과연 태풍은 우리에게 난폭하기만 한 악당인가? 초기에 태풍을 소멸시킨다고 모든 것이 해결될까? 이 두 문제에 대한 명확한 답을 먼저 구해야 할 것이다.

어느 정도의 에너지를 가지고 있을까? 평균적인 태풍이라도 일본 나가사키에 떨어졌던 원자폭탄의 만 개에 맞먹는 어마어마한 에너지를 가지고 있다. 참으로 다행스러운 일은 태풍이 이 에너지의 대부분을 자신의 형체를 유지하고 움직이는 데 쓴다는 점이다. 그래도 이 거대한 에너지 덩어리가 스치듯 지나가는 것만으로도 그 피해는 엄청나다.

태풍의 강한 바람은 간판이나 지붕을 날려버리고, 바람에 날린 파편들은 사람을 다치게 하거나 건물을 파괴한다. 태풍이 동반하는 엄청난 폭우는 강을 범람시키고 저수지 댐을 붕괴시켜 홍수를 일으킬 수 있다. 또, 빗물에 토사가 씻겨 내려가면 지반이 약해져 도로가 유실되거나 산사태가 일어나기도 한다. 하지만 무엇보다 가장 많은 인명 사고를 내는 것은 태풍 해일에 의한 피해다.

태풍 해일이란 태풍에 의해 생긴 큰 파도가 해안가를 덮치는 현상이다. 우리나라의 경우 1923년 발생한 태풍 해일에 의해 538명이 사망하고 619명이 실종되는 엄청난 피해를 겪었다. 그리고 지난 2003년 발생한 태풍 매미는 마산 해안의 저지대에서만 무려 18명의 사망자를 낳고 6,000억 원이 넘는 재산 피해를 입히기도 했다. 미국에서는 2005년 허리케인 카트

태풍과 다른 현상과의 에너지 비교(기상청)	
구분	강도
1950년 전 세계 열소비량	100
태풍	1
크라카토아 화산 폭발	1/10
뇌전을 동반한 폭풍우	1/10,000
나가사키 원폭	1/10,000
지진	1/10,000
7,000t분의 석탄 연소	1/10,000
벼락	1/1,000,000,000
돌풍	1/10,000,000,000,000

리나에 의해 생긴 9m 높이의 해일이 제방을 무너뜨리는 데 결정적인 역할을 해서 뉴올리언스 도시 전체가 물속에 잠겨버렸다.

　태풍 해일을 일으키는 가장 큰 원인은 해수면의 표면을 강하게 밀어내는 바람이 만들어내는 파도다. 그리고 폭풍 중심의 저기압에 의해 해수면이 상승하면서 생기는 파도가 또 다른 원인이다. 특히 태풍의 이동 방향과 같은 방향으로 진행하는 파도는 지속적으로 태풍의 영향을 받아서 더 큰 해일 피해를 입힐 수 있다. 이렇게 만들어진 높은 파도의 에너지는 수심이 얕아지는 해안가로 오면서 파고가 높아지며 해일이 된다. 태풍 해일이 밀물과 때를 맞춰 해안으로 닥친다면 더욱 큰 피해를 입을 수밖에 없다.

　태풍 해일이 다른 재해에 비해 피해 규모가 큰 것은 해일의 규모나 범위가 광범위할 뿐만 아니라 생계나 관광, 좋은 경치 때문에 해안가에 주거를 마련하는 사람이 많기 때문이다. 해일의 피해를 줄이기 위해서는 가급적 해일의 위험성이 높은 지역의 거주를 피하는 것이 좋고, 그렇지 못할 경우 기상청이나 소방방재청의 지시에 따라 신속히 대피할 수 있는 시스템을 갖추는 것이 중요하다. 자연의 힘을 가볍게 보고 방심하여 대비를 소홀히 하고 경고를 무시하는 것은 매우 어리석고 무모한 일이다.

08 🌐 위험 반원과 가항 반원

여러분이 항해하는 배가 태풍을 만난다면 어떻게 하는 것이 가장 현명할까? 탐험가이자 아메리카 대륙의 발견자로 유명한 콜럼버스는 허리케인으로 성장하기 전의 열대 폭풍을 만난 경험을 바탕으로 다른 경쟁자들과는 달리 허리케인의 전조를 읽고 피해가는 지혜를 발휘했다. 콜럼버스처럼 태풍을 만나기 전에 피해가는

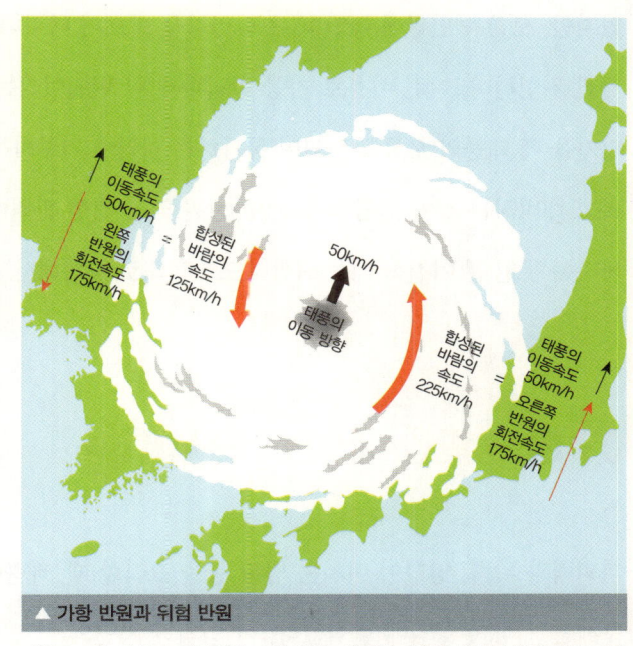

▲ 가항 반원과 위험 반원

태풍의 이동 방향과 회전 방향이 일치하는 오른쪽 반원은 풍속이 강해지고, 반대인 왼쪽 반원은 풍속이 약해지크로 오른쪽 반원이 더 위험하다.

것이 가장 현명한 방법이지만 피할 수 없는 부득이한 상황이라면 어떻게 해야 할까?

예전부터 뱃사람들은 많은 경험을 통해 북반구의 경우 태풍이 진행하는 왼쪽 반원이 상대적으로 바람과 파도가 약하다는 사실을 알고, 이 왼쪽 반원을 가항 반원可航半圓, navigable semicircle이라고 불렀다. 반대로 태풍의 오른쪽 반원은 위험 반원危險半圓, dangerous semicircle이라고 불렀다. 태풍이 통과할 때 오른쪽 반원에 놓이는 지역은 왼쪽 반원에 놓이는 지역에 비해 큰 피해를 입는 현상이 생긴다. 왜 그런 걸까?

북반구에서 반시계 방향으로 회전하는 태풍의 회전 운동과 태풍 진행 방향의 상호작용 때문이다. 태풍이 진행하는 방향을 기준으로 왼쪽 반원에서는 태풍에 의한 바람과 태풍의 진행 방향이 서로 반대 방향이므로 풍속이 느려진다. 반면 오른쪽 반원은 태풍의

진행 속력이 더해져 더 강한 바람이 불고 파도도 더욱 높아지는 것이다. 뿐만 아니라 해상에서 왼쪽 반원에 놓인 배는 바람의 방향으로 움직여 태풍의 후면으로 빠져나갈 수도 있지만, 오른쪽 반원에 놓인 배는 맞바람을 받으며 빠져나와야 하므로 탈출하기 어렵고 훨씬 위험하다. 이런 이유로 가항 반원과 위험 반원이라는 말이 생겼다. 따라서 태풍이 다가올 때 태풍의 오른쪽 반원이 통과하는 지역에 거주하는 사람들은 좀 더 단단히 준비하고 대비하는 것이 현명하다. 가항 반원 역시 위험 반원에 비해 상대적으로 위력이 약하다는 뜻일 뿐 여전히 매우 위험하므로 절대로 방심해서는 안된다.

09 🌐 정확한 예보에 도전하다

파괴력과 위력, 영향이 미치는 범위 등을 고려할 때, 태풍은 지구상에서 가장 강력하고 무서운 기상 현상임에 틀림없다. 이 엄청난 자연의 힘 앞에서 우리가 할 수 있는 가장 최선의 길은 미리 준비하고 대비하는 일이다. 하지만 태풍을 미리 예견하고 대비하는 일은 그리 간단한 일이 아니다. 우선 태풍을 정확하게 관찰하고 연구하는 일이 매우 어렵다. 대부분의 태풍은 해상에 머물러 있으므로 태풍을 직접 관측하고 자료를 수집하기가 힘들다. 정확한 정보를 얻지 못하고서 성급한 결론을 내리는 것은 어떤 일이든 위험하지만 특히 기상 현상의 경우는 더욱 그러하다. 자연은 늘 다양한 요인이 복합적으로 작용하므로 작은 변화가 전혀 다른 결말을 가져올 수도 있다.

그러나 다행히도 과학 기술의 진보는 조금씩 여러 가능성을 열어가고 있다. '허리케인 사냥꾼'이라 불리는 비행기는 허리케인 사이를 종횡무진 누비며 여러 정보를 수집하고, 드랍존데dropsonde*를 떨어뜨려 허리

드랍존데 여러 기상요소를 측정할 수 있는 센서를 탑재한 장비로, 상공에서 떨어뜨리면 낙하하면서 기상요소들을 측정한다.

▲ **허리케인 사냥꾼**
미 해양대기국 소속의 걸프스트림 IV-SP와 록히드 WP-3D
오리온. 허리케인 사이를 누비며 여러 기상요소를 관측하고
드랍존데를 떨어뜨려 태풍의 정보를 얻는다.

▲ **허리케인 사냥꾼이 찍은 눈벽 구름**
허리케인의 눈을 원형으로 둘러싼 두꺼운 구름. 허리케인 사
냥꾼은 허리케인의 눈 안으로 진입해 허리케인의 속도와 강
도를 실시간으로 중계한다.

케인에 대한 정확한 정보를 얻는다. 또한 원격 조정이 가능한 소형 탐사 비행기가 머지
않아 열대 저기압 탐사에 활용될 계획이다. 무엇보다 가장 놀라운 진보는 인공위성 활
용 기술의 발달이다. 우리는 실시간으로 전 세계의 위성 영상과 기상 자료를 수집할 수
있으며, 점점 진화해가는 수퍼컴퓨터는 대용량의 자료를 보다 정밀하고 정확하게 계산
하여 태풍의 발달과 진로에 대한 예보의 신속성과 정확도를 조금씩 높여가고 있다.

　해마다 여름철에 태풍 피해를 반복하고 있는 우리나라도 피해를 줄이기 위한 여러 노
력을 하고 있다. 2003년 정부에서는 전설의 섬으로 유명한 이어도에 종합해양과학기
지를 건설했다. 물속에 잠긴 해산海山인 이어도 위에 높이 76m의 구조물(수면 위로는
36m)을 세워 건설한 이 기지는 마라도 남쪽에 위치하여 우리나라로 상륙하는 태풍의
길목을 지키며 정밀하고 정확한 태풍 정보를 제공한다. 2008년까지는 30~40명의 전
문 인력이 상주하며 태풍의 발생부터 소멸까지 전 과정을 추적, 연구하는 국가태풍센터
가 제주도에 건설될 예정이다. 자연을 정복하려는 헛된 욕심보다는 겸손한 마음으로 미
리 대비해 나간다면 앞으로 태풍의 피해를 조금씩 줄여나갈 수 있을 것이다.

양자강
상해
진전산
81海里(149km)
퉁타오(童嶋)
IEODO
133海里(245km)
제주도
마라도
149海里(276km)
큐슈
도리시마(鳥島)

이어도 : 32° 07′ 22.63″ N, 125° 10′ 56.81″ E

이어도 종합해양과학기지

전설의 섬으로 유명했던 이어도에 높이 76m의 구조물을 세
운 종합해양과학기지는 태풍이 다가오는 길목을 지키며 기
초자료를 얻을 수 있는 전초기지다. ⓒ 국립해양조사원

10 ⊕ 태풍과 인간 그리고 지구

엄청난 피해를 입히는 태풍이 그리 달가운 존재는 아니지만, 가끔씩 우리에게 고마운 존재가 되기도 한다. 유난히 덥고 길어 가뭄이 심했던 1994년 여름에 그나마 더위를 식혀주고 가뭄을 어느 정도 해갈하도록 해준 것이 8월에 내습한 태풍 더그였다. 사람들은 더그를 '효자 태풍'이라고 불렀다. 일본은 연 강수량의 절반을 태풍이 지나면서 뿌려준 비로부터 얻는다. 또한 태풍은 바닷물을 뒤섞어 순환시킴으로써 플랑크톤을 용승, 분해시켜 바다 생태계를 활성화시키는 역할도 한다.

하지만 무엇보다 태풍의 가장 큰 역할은 저위도 지방에서 축적된 대기 중의 에너지를 고위도 지방으로 운반하여 지구의 온도 균형을 유지시키는 데 기여한다는 점이다. 만약 우리가 인위적으로 태풍의 발생을 억제한다면 지구의 에너지 불균형 상태는 어떻게 될까? 더욱 심화된 에너지 불균형 상태는 우리가 상상조차 하기 힘든 더 큰 규모의 대기 움직임을 만들어낼 수 있지 않을까? 만약 그렇게 된다면 빈대 잡다 초가삼간을 다 태운 꼴이 되고 말 것이다.

모든 자연현상에는 이유가 있다. 자연은 아무런 이유 없이 변덕을 부리지는 않는다. 이제 우리는 좁고 얕은 인간만을 위한 시각에서 벗어나 보다 큰 시각으로 바라보고 자연의 소리에 귀 기울여야 하지 않을까?

사상 최악의 태풍을 찾아서

추석 명절 연휴였던 2003년 9월 12일 밤부터 13일 새벽까지 제14호 태풍 매미가 영남 지방을 무섭게 할퀴며 지나갔다. 태풍 매미는 여러 면에서 1959년 추석날 새벽 남해안을 폐허로 만들었던 최악의 태풍 사라를 떠오르게 한다. 매미의 중심 기압은 950hPa로 사라의 기록 (952hPa)을 깨뜨리며 '가장 강력한 태풍'으로 등극했고, 순간 최대 풍속 기록도 60m/s로 바

▲ 태풍 매미에 의해 넘어진 크레인
태풍 매미는 부산의 신감만 부두의 대형 크레인을 쓰러뜨려 우리나라의 수출입에 큰 타격을 입혔다.

꾸며 그야말로 사상 최악의 태풍으로 기록되었다. 이보다 앞선 2002년에는 태풍 루사가 강릉 지역에 하루 강수량 870mm의 집중호우를 뿌리며 그 일대를 물바다로 만들었다. 우리나라의 연 강수량이 약 1,300mm 정도인 것을 감안하면 1년에 내릴 비의 절반 이상을 하루 사이에 쏟아 부은 것이다. 태풍 루사는 사망 236명, 실종 34명의 인명 피해를 기록했고 6조 1,152억 원 이라는 사상 최고의 재산 피해를 입었다. 2007년 9월에는 태풍 나리가 제주를 관통하며 제주시에 12시간 동안 410mm의 물폭탄을 터트리며 지나갔다. 제주도에서는 유래가 없던 이 집중강우로 제주도 전역이 폭격을 맞은 듯 큰 인명과 재산 피해를 입었다.

▲ 허리케인 카트리나가 지나간 뒤 뉴올리언스의 모습

2005년 8월 29일 최대 233km/h의 강풍과 폭우를 동반한 허리케인 카트리나가 새벽 6시 멕시코 만을 따라 미국 남부의 루이지애나 주에 상륙했다. 루이지애나 주의 뉴올리언스는 미시시피 강과 폰차트레인 호를 제방으로 막은 사발 모양의 도시로, 9m가 넘는 해일과 엄청난 강풍, 시간당 380mm에 이르는 기록적인 폭우를 동반한 카트리나에 의해 제방이 무너져

시 전체가 물에 잠기는 미국 사상 초유의 재난을 당하고 말았다. 이 재난으로 1,800명 이상의 인명 피해가 났으며, 150만 명 이상이 삶의 터전을 잃었다. 잘못된 개발과 정치인의 무지, 안이한 대응이 불러온 인재의 성격도 있지만, 태풍이나 허리케인의 위력이 얼마나 대단한지를 실감하게 만든 큰 재난이었다.

LIGHTNING

CHAPTER

02

번개

하늘을 가르는 빛과 소리가 번쩍 울리면 죄를 지은 사람이건 안 지은 사람이건 어깨를 움츠리기 마련이다. 그러나 천둥번개가 무서운 것은 그 빛과 소리 때문이 아니라 실제로도 사람에게 큰 피해를 입힐 수 있는 자연현상이기 때문이다. 번개와 천둥의 원리를 알아보자.

01 🌐 번개를 가둔 사람

번개와 천둥만큼 사람들을 자주 놀라게 하는 자연현상도 없다. 옛사람들은 이러한 자연현상을 인간이 엄청난 죄를 지어 신이 분노한 것으로 여겼을 정도로 번개와 천둥의 정체는 오랫동안 규명되지 않은 채 공포와 두려움의 대상으로 남아 있었다. 지금은 번개와 천둥이 하늘의 분노나 징계가 아닌 기상 현상임을 다들 알고 있지만 두려운 것은 예나 지금이나 매한가지다.

번개가 전기 현상이라는 사실은 이제 초등학생도 다 아는 일이지만, 학자들이 전기에 대해 알게 된 것은 17세기에 이르러서다. 그리고 18세기에 와서야 번개가 전기적 현상임이 증명되었다. 미국의 뛰어난 정치가이자 과학자였던 프랭클린은 번개와 전기가 비슷하다고 생각하는 사람 중 하나였다. 프랭클린이 연구를 시작했을 때는 전기에 대해 그다지 많이 알려지지 않았으며, 아마도 프랭클린조차 전기가 무엇인지 잘 몰랐을 것이다. 그는 번개가 정전기*와 같은 에너지 형태라는 것을 밝히기 위해 1752년 6월 목숨을 담보로 한 위험한 실험을 했는데, 이것이 바로 그 유명한 '연 실험'이다. 연 실험은 정전기 유도 현상*을 이용한 것으로 실험과정은 다음과 같다. 프랭클린은 가늘고 긴 나무 막대 2개를 십자형으로 만들고 큰 손수건으로 네 귀퉁이를 묶어서 연을 만들었다. 그리고 세로축 나무에 긴 철사를 잡아매어 연 위쪽으로 30cm 정도 튀어나오게 했다. 이 철사를 전기가 통하는 긴 삼끈*과 연결한 후 다시 삼끈 끝에 전기가 통하지 않는 부도체인 명주 리본을 연결해 손으로 잡을 수 있게 했고, 명주 리본과 삼끈 사이에는 쇠로 만든 열쇠를 매달았다.

준비를 마친 프랭클린 부자는 번개와 천둥이 치는 빗속에서 명주 리본과 열쇠가 젖

정전기 물체의 마찰에 의해 생기는 이동하지 않는 전기를 말한다.

정전기 유도 현상 전하를 띠고 있는 물체(대전체)를 물체에 가까이 하면 물체의 가까운 쪽에는 대전체와 다른 전기, 반대쪽에는 대전체와 같은 전기가 유도되는 현상이다.

삼끈 삼의 줄기를 벗겨서 꼰 끈.

지 않도록 주의하면서 연을 띄웠다. 곧이어 번개가 치고, 금속 열쇠에 손가락을 대 보니 퍽 하고 불꽃이 튀며 손가락에 짜릿한 통증이 느껴졌다. 그는 즉시 열쇠를 라이덴병에 연결시켰다. 그러자 이 충전지는 평소와 똑같은 효과를 나타냈다. 전기와 번개가 같은 성질이라는 사실이 확인된 순간이었다.

이 실험을 통해 프랭클린은 번개가 전기를 방전한다는 것을 증명했다. 그는 가는 금속으로 만든 쇠 막대의 한 끝을 땅에 묻고 다른 끝은 건물 지붕 위에 솟게 장치하는 피뢰침을 발명했다. 피뢰침의 발명으로 번개가 지붕 위 뾰족한 끝에 걸려 쇠 막대를 타고 지면으로 흐르기 때문에 건물에 피해를 주지 않게 되었다.

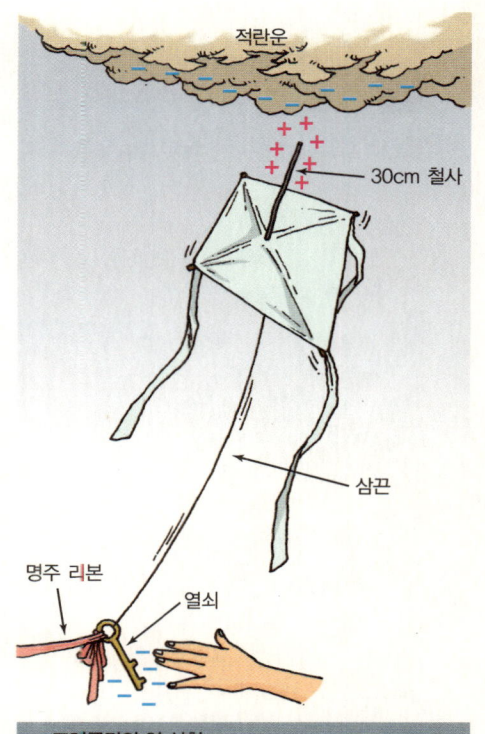

▲ 프랭클린의 연 실험

정전기 유도에 의해 철사 부분에 양전하가 유도되면 금속 열쇠에는 음전하가 유도된다. 이 음전하를 라이덴병에 저장해 번개가 전기임을 밝혔다.

02 ⊕ 천둥과 번개

앞에서 보았듯이 번개는 대기에서 일어나는 방전 현상이다. 방전 현상이란 전류가 대기 중에서 흐르는 현상을 말한다. 그런데 어떻게 도선도 없이 전류가 흐를 수 있는 것일까? 자석 2개의 N극과 S극을 가까운 거리에서 마주보게 하면 서로 달라붙으려고 하지

전기를 모으는 유리병

라이덴병은 전하를 축적해서 방전 실험을 하는 장치다. 마찰을 이용해 전기를 발생시키는 것은 어렵지 않지만 그렇게 발생한 정전기는 시간이 지나면 서서히 없어지기 때문에 저장하기가 쉽지 않다. 18세기 네덜란드 라이덴 대학교의 뮈센브루크와 독일의 클라이스트가 각각 독자적으로 고안한 라이덴병은 콘덴서의 일종으로 정전기 연구에 많이 사용되었다.

라이덴병을 만들려면, 우선 절연이 잘 되는 유리병 안쪽과 바깥쪽에 주석박*을 붙인다. 절연체인 코르크 병마개에 구멍을 뚫고 금속 막대를 끼워

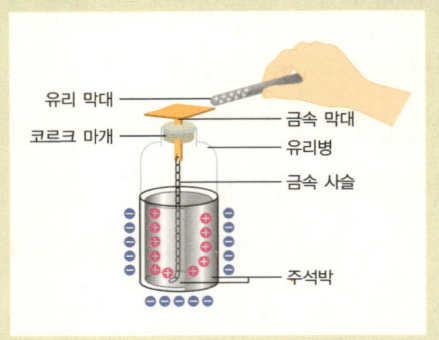

넣는데, 금속 막대에는 쇠사슬을 달아 늘어뜨려 주석박을 붙인 안쪽 바닥면에 접촉시킨다. 이제 여기에 전기를 저장하려면, 유리 막대를 명주 헝겊으로 문지른 후 양전하로 대전된 유리 막대를 라이덴병 마개 위에 있는 금속 막대에 접촉시키면 된다. 유리 막대의 양전하가 이동하여 라이덴병 안쪽의 주석박에 모이면 정전기 유도에 의해 유리병 바깥쪽의 주석박에는 음전하가 유도된다. 병 안쪽의 양전하와 바깥쪽의 음전하는 유리를 사이에 두고 서로 잡아당기게 되어 도망가지 못하고 저장되는 것이다. 이 과정을 반복하면 더 많은 전기를 저장할 수 있다. 저장된 전하는 병마개 위의 금속과 유리병 바깥쪽 주석박을 철사로 연결하면 전류가 흐르면서 방전된다.

▲ 라이덴병과 전기 저장의 원리

만 두 자석을 조금 멀리 떨어뜨려 놓으면 서로 달라붙지 못한다. 하지만 질량이 같으면서 더 자성*이 강한 자석을 사용하면 먼 거리에서도 서로 달라붙는다. 마찬가지로 방전 현상도 항상 일어나는 것이 아니라 강한 자성을 가진 자석들끼리 달라붙듯이 구름 속에 많은 양의 양전하와 음전하가 있어야 발생한다.

대부분의 번개는 하나의 구름 안에서 일어나거나, 구름과 구름 사이에서 일어난다. 그리고 가끔은 구름과 지상 사이에 생기기도 한다. 우리가 흔히 말하는 번개는 벼락이라고도 불리는데, 정확히 말하면 벼락은 구름과 지상 사이에서 발생하는 방전을 가리

주석박 주석을 기계적 때림이나 압연기로 눌러 종이만 한 두께로 얇게 펴서 늘인 것을 말한다.

자성 물질이 나타내는 자기적인 성질을 뜻하는 말로 자석이 철을 끌어당기는 성질이다.

키며 지상으로 내려오지 않는 구름 속이나 구름 사이에서 발생하는 방전은 포함되지 않는 말이다. 구름 속이나 구름 사이에서 일어나는 방전은 지상에서는 구름에 가려져 잘 보이지 않기 때문에 사람들이 잘 모른다. 어쩌다가 그 중 한 줄기가 몇 킬로미터 밖 날씨가 맑은 곳에 떨어지는 경우가 있는데, 이런 현상을 두고 '마른 하늘에 날벼락'이라는 말이 생긴 것이다.

천둥은 번개가 생길 때 발생하는 소리다. 천둥소리는 번개의 엄청난 고온 때문에 난다. 번개의 에너지는 1회에 전압은 1억~10억V, 전류는 수천에서 수만A에 달한다. 예를 들어 하나의 번개 섬광이 가지고 있는 에너지는 막대하여 100W짜리 전구를 3개월 이상 밝힐 수 있을 정도다. 번개의 이동경로를 따라 발생한, 태양의 표면 온도보다 약 5배나 뜨거운 고온(약 3만°C)은 급속하게 주변의 공기를 가열하여 팽창시킨다. 이 팽창

▲ 번개 섬광
번개는 구름과 지상 사이에 일어나기도 하고, 구름 속이나 구름과 구름 사이에서 생기기도 한다. 구름 속이나 구름 사이에 일어난 방전은 지상에서는 잘 보이지 않는다.   ⓒ Steven Vanderburg

된 고온의 공기가 주변으로 찢어지듯 급격하게 빠져나가는 소리가 바로 천둥이다. 천둥소리는 번개가 발생한 지점에서 약 30km 정도 떨어진 곳에서도 들을 수 있다.

03 🌐 알 듯 모를 듯 번개의 진실

갑작스럽게 '번쩍' 하는 빛을 보고 '우르릉 쾅쾅' 하는 소리를 듣는 사람들은 '번개가 치고 천둥이 울린다'라고 말한다. 그런데 이 말은 사람들을 가끔 오해하게 만든다. 번개가 친 후에 천둥이 울린다고 말이다. 하지만 번개와 천둥은 따로따로 생기는 것이 아니라 동시에 발생한다. 우리가 번개를 먼저 보고 천둥소리는 몇 초 후에 듣는 이유는 빛과 소리의 속력 차이 때문이다.

소리의 속도는 16°C에서 340m/s다. 소리는 1초에 340m를 갈 수 있다는 얘기다. 그런데 빛의 속도는 약 30만km/s다. 1초에 30만km를 갈 수 있다는 것인데, 1초에 지구를 7바퀴 반을 돌 수 있는 속도라고 하니 소리에 비해 굉장히 빠르다는 것을 알 수 있다. 그래서 천둥소리는 항상 번개가 친 후에 듣게 되는 것이다.

지진파인 P파와 S파의 도달시간의 차이(P-S시간)를 측정해 지진의 근원지인 진원*을 알아내듯이, 번개와 천둥의 속력 차에 의해서 번개와 천둥이 발생한 위치를 알아낼 수 있다. 번개는 빛의 속도로 보이고 천둥은 소리의 속도로 들리므로 '번쩍' 하는 빛줄기와 이에 뒤따르는 천둥소리의 시간 간격이 짧으면 짧을수록 그만큼 가까운 곳에서 번개가 쳤다는 말이 된다.

사람들에게 번개 치는 장면을 그려보라고 하면 구름에서 지상으로 직선으로 하강

진원 지구 내부에서 지진이 최초로 발생한 지점을 진원이라 하고, 진원 바로 위에 해당하는 지표상의 지점을 진앙이라고 한다.

매질 힘이나 파동 등의 물리적 작용을 한곳에서 다른 곳으로 전달하는 매개물이다. 예를 들면, 음파를 전달하는 공기나 지진파를 전달하는 암석 등이 해당한다.

하는 모습을 그리는 것이 아니라 다들 나뭇가지 모양이나 지그재그로 내려오는 모습을 그린다. 왜 그럴까? 빛의 성질 중에서 굴절이라는 현상이 있다. 굴절은 파동이 하나의 매질*에서 다른 매질로 진입하는 경계면에서 속도 차이로 인해 나아가는 방향이 바뀌는 현상이다. 예를 들어, 물이 든 유리컵에 젓가락을 넣으면 젓가락이 공기와 물이 접한 부분에서 구부러져 보인다. 이 현상은 빛이 진행할 때는 최단 거리 경로가 아닌 최소 시간 경로로 이동하며, 매질에 따라 빛의 속력이 다르기 때문에 나타난다. 번개는 엄청난 에너지를 가지고 지상으로 내려오므로 그 주변의 대기 상태는 매우 불안정하다. 번개는 이런 복잡한 상태의 대기를 지나면서 최대한 빨리 내려오기 위해 가장 빠른 길을 찾아 요리조리 왔다갔다 하다 보니 지그재그 형태를 그리며 내려오는 것이다.

04 ⊕ 번개는 어떻게 만들어질까?

자, 이제 번개가 만들어지는 과정을 알아볼 때가 되었다. 여름철에 내리쬐는 강한 태양 광선은 지표의 공기를 가열시키고, 가열되어 가벼워진 공기는 위로 올라가 상승 기류를 형성한다. 상승 기류는 여러 가지 구름을 만드는데, 그 중에서도 바닥은 평평하면서 웅장한 산봉우리 모양으로 하늘 높이 솟아오르는 구름을 적란운(일명 소나기 구름, 쎈비구름)이라 한다.

적란운 속에 있던 많은 양의 작은 물방울과 얼음입자가 더욱 상승하여 온도가 -20°C 보다 훨씬 낮은 상태가 될 때 뇌운(번개 구름)이 된다. 모든 전기 현상을 일으키는 것이 전하인데, 이 뇌운 속에서 양전하와 음전하의 분리가 일어난다. 기상학자들이 연구한 바에 따르면, 적란운의 천장 쪽으로 이동하는 작은 물방울과 얼음입자가 적란운의 바닥을 향해 이동하는 얼음입자 혹은 우박과 충돌하면서 전하의 분리가 나타난다고 한다.

상승하는 작은 입자들은 양전하를 띠지만, 하강하는 큰 입자들은 음전하를 띠기 때문에 구름의 윗부분은 강한 양전하를, 구름의 바닥 부분은 강한 음전하를 가진다. 뇌운 속에서 분리되어 쌓인 위쪽의 양전하와 바닥 부근의 음전하가 충돌하면서 번개가 발생하는 것이다. 또는 뇌운이 지표면 위를 지나가면서 뇌운의 바닥 부근의 강한 음전하가 마치 그림자를 드리우듯 지표면에 양전하를 유도해 끌고 다니는 경우에도 번개가 발생할 수 있다. 이때 뇌운과 지표면의 전하가 충돌하면서 발생하는 스파크(전기 불꽃)가 번개다.

▲ 적란운
소나기 구름이라고도 하며, 심한 상승 기류에 의해 수직으로 발달한다.

한편, 번개가 치는 것을 대개 구름에서 지상으로 내려오는 것처럼 표현하고는 하는데 사실 방전은 지상에서 구름을 향해 일어난다. 구름의 바닥 부분 밑으로 스텝 리더 Stepped leader*가 생기고 이 공기 기둥은 순식간에 지상에 있는 물체, 이를테면 높은 나무나 빌딩 근처까지 가지를 치듯 형성된다. 그때 지상에 있는 물체에서 스파크가 갑자기 커져 순식간에 위쪽으로 올라가 스텝 리더를 만난다. 그 즉시 스텝 리더는 도선의 역할을 하여 음전하들이 구름의 밑 부분으로 다시 되돌아가는 경로가 되어 찬란하고 밝은 빛으로 보인다. 실제로 우리가 말하는 번개는 이렇게 음전하들이 구름 쪽으로 되돌아 흘러서 발생하는 것이다.

번개가 생길 때 나타나는 양전하와 음전하 간의 전위*차는 보통 1억~10억V에 달

스텝 리더 음전하로 대전된 보이지 않는 공기 기둥이다.
전위 어느 한 위치에서 다른 위치로 전하를 운반하는 데 필요한 전기적 위치 에너지를 전위라 한다.

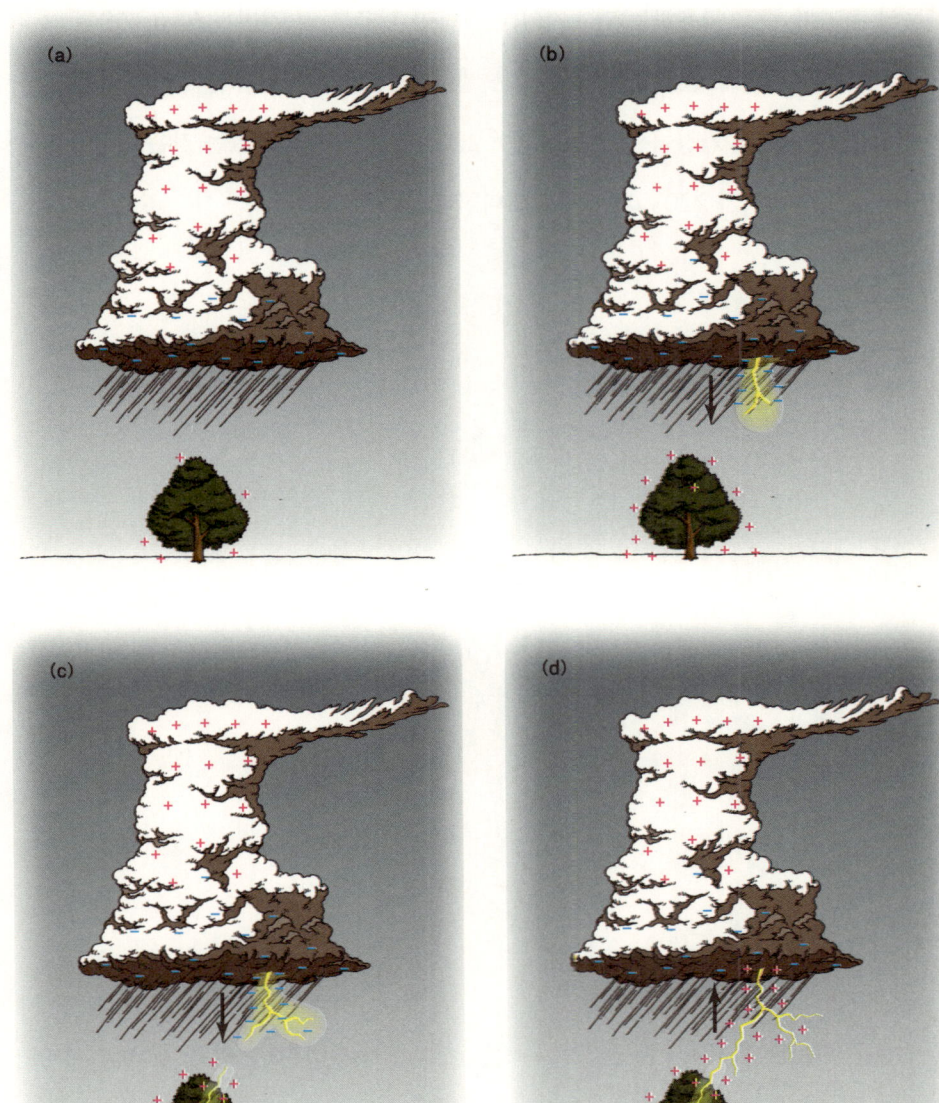

구름 속에서 양전하와 음전하가 분리된다(a). 스텝 리더가 지상으로 가지를 치듯이 형성되고(b) 나무와 같은 지상 위 물체에 근접하면 스파크가 나무에서 스텝 리더 쪽으로 순식간에 발생한다(c). 음전하들이 구름 쪽으로 되돌아 올라가며 번개가 생긴다(d).

하는데 우리가 주로 사용하는 건전지와 비교하면 1.5V짜리 건전지 약 6,700만~6억 7,000만 개를 직렬로 연결했을 때와 같은 셈이다. 참고로 전위차란 우리가 흔히 말하는 전압을 말하는데, 가정에서 쓰는 전압이 220V라고 표시되어 있는 것은 콘센트의 두 구멍의 전위의 차이가 220V라는 것을 의미한다.

부도체와 비저항

일반적으로 도체, 반도체, 부도체(절연체)는 물체의 비저항을 기준으로 나눈다. 비저항이란 단위 면적과 단위 길이에서 받는 저항이다. 물질에 따라 각각 고유의 값을 가지며 전자 이동에 대한 물질의 특성이다. 도체는 구리, 은, 백금과 같이 비저항이 $10^2 \, \Omega$m 이하인 것을 말하고, 반도체는 비저항이 $10^{-4} \sim 10^6 \, \Omega$m 정도인 것(규소, 게르마늄 등)이며, 부도체는 비저항이 $10^6 \, \Omega$m 이상인 것으로 고무, 유리 등이 이에 해당한다.

하지만 이 분류는 우리가 보통 사용하는 전압을 기준으로 일반화한 것이다. 전압이 커지면 얘기가 달라진다. 옴의 법칙(V=IR)*에서 보았을 때 번개처럼 전압이 1억V 이상에 달하면 부도체에서도 수천A 이상의 전류가 흐를 수 있는 것이다. 예를 들어 부도체로 만들어진 낚싯대를 가지고 다니던 사람이 수십만V가 흐르는 고압 전선에 닿게 된다면 비록 낚싯대가 부도체이더라도 낚싯대를 통해 그 사람에게 큰 전류가 흘러 사망할 수 있다.

05 ◉ 뇌운과 뇌우

물이 묻은 손으로 전기기구를 만지려고 하는 것만큼 위험한 일도 없을 것이다. 사람의 몸은 상태에 따라 저항 값이 다른데, 매우 건조할 때는 저항이 약 10만Ω 정도이므로 인체에 전류가 잘 흐르지 못하지만 물에 젖었을 때는 저항이 약 500Ω 정도밖에 안 된다. 따라서 사람의 몸이 물에 젖은 상태에서는 전류의 흐름을 막는 저항이 작아 건조할 때보다 쉽게 전류가 흐른다.

마찬가지로, 보통 상태에서 구름의 바닥과 지면 사이에 있는 대기는 전기 전도율이 대단히 낮아서 절연체 상태이므로 전류가 흐르지 않는다. 하지만 여름철에 일사가 강한 날은 뇌운이 잘 만들어지며, 뇌운은 쏟아지는 폭우를 동반하여 대기를 축축하게 한다. 그러면 대기의 전도성이 좋아져서 전류가 잘 흐를 수 있는 조건이 마련되어 번개가 더욱 잘 발생할 수 있다.

상승 기류에 의하여 뇌운이 성장할 때에는 이미 그 속에서 전하 분리가 일어나고 있지만, 그 규모가 대기의 절연* 상태를 파괴할 수 있는 양에 도달하는 데에는 특정한 조건이 필요하다. 우선, 구름의 고도가 8~16km에 이르러야 한다. 여름철에 8~16km의 고도는 -20°C에서 -59°C의 온도층에 해당한다. 또, 뇌운 하층에 있는 공기는 높은 고도로 올라가서도 많은 양의 응결된 물이 남아 있어야 하므로 온난하고 습기를 많이 포함하고 있어야 한다.

뇌운은 천둥과 번개를 동반한 소나기를 내리게 하는 구름이라고 했는데, 뇌운과 이름이 비슷한 뇌우는 뇌운에서 발생하는 천둥과 번개를 동반한 강우 현상을 말한다. 뇌우는 허리케인이나 겨울 폭풍우와 비교해 상대적으로 좁은 지역에 영향을 미친다. 규모는 작지만 모든 뇌우는 번개를 동반하므로 위험하다. 전형적인 뇌우는 지름이 24km이고 평균 30분 정도 지속된다. 미국에서는 어림잡아 매년 10만 번의 뇌우가 발생하는데 그 중 10%는 위험한 것으로 분류된다. 위험한 뇌우는 속도가 약 90km/h이거나 그보다 큰 돌풍, 또는 지름이 약 2cm 이상 되는 큰 우박을 간드는 폭풍우다. 어떤 우박은 골프공이나 야구공만 하다. 뇌우는 겨울에도 발생하기는 하지만 대체로 봄이나 여름에 많이 발생한다.

번개는 지면 부근의 습한 공기가 강한 햇빛을 받아 상승 기류가 형성될 때 잘 일어나므로 주로 여름철 무덥고 바람이 약한 날의 오후부터 저녁까지 발생하기 쉽다. 또 산악 지대에서는 지형이 복잡해서 부분적으로

옴의 법칙 전류의 세기는 두 점 사이의 전위차, 즉 전압에 비례하고 전기저항에 반비례한다는 법칙.

절연 도체 사이에 전류나 열을 통하지 못하게 하는 것.

강하게 가열되기 때문에 평야지대보다 번개가 일어나기 쉽다.

06 🌐 번개를 맞으면 어떻게 될까?

지구상에는 해마다 1,600만 개의 뇌운이 생성되고 지금 이 순간에도 대략 1,800개 정도의 뇌운이 떠돌고 있다. 이들은 초당 평균 600회의 방전을 일으키며 그 중에 100개 정도는 지상에 내려온다. 계산해보면 이 지구상에는 늘 시간당 36만 번 정도 벼락이 치는 셈이다. 물론 세계 각 지역의 기후에 따라 빈도는 크게 차이가 나서 적도 지방에 위치한 인도네시아의 자바 섬 같은 곳은 1년에 300일 이상 벼락이 친다고 한다. 기상청이 분석한 결과에 따르면 우리나라는 해마다 1,300차례 이상의 벼락이 발생해 평균 5명의 인명 피해를 낸다고 한다. 또한 미국의 경우에는 해마다 어림잡아 2,500만 번의 벼락이 발생해 평균 80명의 희생자와 300명의 피해자를 낸다고 한다.

우리나라에서도 실제로 번개를 맞은 사람들의 보도를 가끔 들을 수 있다. 가는 비가 내리다가 그친 뒤 운동장에서 공을 차며 놀던 한 고교생이 번개를 맞고도 구사일생으로 목숨을 건진 일이 있다. 이 학생은 다행히 교사와 119 구급대의 신속한 응급조치로 살아날 수 있었는데 번개가 심장을 통과하지 않고 빠져나갔기 때문에 목숨을 건질 수 있었다. 또, 쾌청하다가 갑자기 천둥번개를 동반한 소나기가 쏟아지면서 등산객이 번개를 맞아 숨지거나 크게 다친 사건도 있었다.

▲ **번개에 감전된 소들**
금속으로 된 울타리에 번개가 쳐서 울타리 근처에 서 있던 소들이 모두 죽었다.

번개가 신체에 접촉할 때 머무는 시간은 아주 짧아 0.001～0.1초 정도밖에 되지 않지만, 그 순간 사람의 몸속에서 번개의 전기 에너지가 열 에너지로 전환된다. 그 엄청난 에너지 때문에 호흡이 정지되거나 심장 박동이 멈춰버리는 것이다. 이런 일은 몸속의 번개에 의한 에너지양이 몸무게에 비해 일정량을 넘을 때 일어나는데, 다행히 번개의 전압이 작아 에너지가 치사 수준에 이르지 않으면 후유증 없이 회복될 수 있다. 또 번개가 몸을 통과할 때 뇌나 심장, 폐 같은 주요 기관을 피해서 피부나 팔 한쪽, 다리 한쪽만을 따라 흘러가면 목숨을 건질 수도 있다. 하지만 이때도 번개가 지나간 자리는 화상이 심하고 세포가 죽을 수도 있어 위험하기는 마찬가지다.

번개 맞은 사람들은 전기를 옮길 수 있으므로 만져서는 안 된다는 이야기가 있는데, 이는 사실과 다르다. 번개를 맞은 사람에게서는 감전의 위험이 없으므로 손으로 운반해도 안전하며 즉시 돌보아야 한다. 뇌우가 계속 존재한다면 같은 장소나 사람을 향해 번개가 여러 번 내리칠 수 있으므로 우선 피해자를 더 안전한 장소로 이동시켜야 한다. 피해자를 이동시킨 후에는 피해자의 맥박과 호흡을 체크하고 필요하다면 인공호흡이나 CPR(심폐소생술)을 해야 한다. 번개에 의한 재난에서 가장 큰 사망 원인은 심장마비다. 적절한 응급처치를 즉시 받았다면 피할 수도 있는 비극이다. 마지막으로 신속히 119에 전화를 하여 도움을 요청하라.

7번 번개 맞은 사나이

퇴역한 미 국립공원 경비원인 레이 설리반은 번개를 7번이나 맞았다. 그는 번개를 맞자마자 공중으로 튕겨나간 후 땅에 떨어져 완전히 의식을 잃었다. 번개를 맞은 직후 그의 신발은 다 타버렸고 그의 발톱 또한 온전하지 못했다. 게다가 어떠한 소리도 들을 수 없었다. 그러나 그는 의식을 되찾았고 여전히 살아 있다. 지금 레이는 집 주변 나무에 피뢰침을 설치하고 각 모서리마다 피뢰침을 단 이동 가능한 간이주택에서 살고 있다.

07 🌐 위험 예방을 위한 예비 지식

우리나라에서는 번개에 의한 피해가 태풍이나 지진에 의한 피해에 비해 미약하다. 그래서인지 몰라도 사람들의 번개에 대한 예비 지식은 부족한 편이다. 미국에서는 한 해 평균 토네이도나 허리케인 피해 사망자수보다 더 많은 약 100여 명의 사람들이 번개 또는 번개에 의한 화재로 사망한다고 한다. 특히 미 서부와 알래스카에서 발생하는 대부분의 화재는 번개에 의해 시작되는 경우가 많다. 따라서 번개가 자주 일어나는 지역의 국립공원에는 번개의 피해 및 대처방법에 대해 핸드북이나 팜플렛 등으로 자세하게 안내하고 있다.

우리도 번개에 대한 몇 가지 예비 지식을 알아보자.

첫째, 번개는 종종 폭우가 내리는 범위로부터 30km 떨어진 지점까지도 내리칠 수 있다. 폭우가 쏟아지기 전에도 많은 사람들이 번개 때문에 사망하는데, 그 이유는 사람들이 폭우가 쏟아지기 전에만 은신처를 찾으면 된다고 생각하고 대피시간을 너무 오래 끌다가 변을 당하는 것이다. 한편, 폭우가 내린 후에는 사람들이 너무 일찍 밖으로 나오는데 이 또한 사고의 원인이 된다.

둘째, 천둥소리를 들었다면 벌써 위험 속에 있는 것이다. 언제든지 천둥소리를 듣는다면 뇌우가 즉시 번개를 일으켜 우리의 위치를 위협할 수 있을 정도로 충분히 가까이 있다는 것을 명심해야 한다.

셋째, 매일 누군가는 번개에 의해 해를 입는다. 그리고 번개는 피해자에게 영구적인 장애를 남긴다. 번개를 맞은 피해자들 중 소수는 사망하지만 다수의 생존자들은 평생을 심각한 장애로 고통 받으며 살아간다.

08 🌐 번개를 피하는 방법

외출하기 전에 날씨 상태를 체크해야 한다. 뇌우로 발달하고 또는 뇌우가 다가오는 징후일지도 모르는 어두워지는 하늘, 번개의 섬광, 강해지는 바람은 번개가 임박했다는 증거이므로 잘 관찰해야 한다. 따라서 이런 징후가 보인다면 운동연습이나 야외활동을 취소하거나 연기하여 사람들이 위험한 상황에 놓이게 되는 것을 막아야 한다. 또한 천둥소리가 나는지 주의 깊게 잘 들어야 한다. 만약 야외에서 천둥소리를 듣는다면, 모든 사람들에게 하고 있는 활동을 즉시 중단하고 안전한 곳으로 이동하라고 지시해야 한다. 견고한 건물은 최적의 보호를 제공하므로 사람들을 그곳으로 대피시켜야 한다. 그리고 건물 안에 들어가서는 전화선, 배선이나 관으로부터 멀리 떨어져 있는 게 좋다. 작은 규모이거나 닫혀 있지 않은 건물은 안전하지 않으므로 피하는 것이 좋다. 만약 견고한 건물이 근처에 없다면 주변에 있는 차를 찾아라. 창문이 닫힌 차 안은 좋은 은신처가 되어 준다.

피부가 따끔거리거나 머리카락 끝이 곧추 서는 것을 느꼈다면 번개가 곧 내리칠 것임을 암시하는 것이다. 이때 만약 안전한 장소를 찾지 못했다면 어떻게 해야 할까? 아래에 열거한 대책들은 조금은 위험을 줄여줄 수 있으나 안전한 장소로 피하는 것을 대신하지 못한다는 사실을 명심하자.

- 번개는 높은 물체에 내리치는 경향이 있으므로 홀로 서 있는 높은 나무, 탑 또는 전봇대로부터 멀리 떨어진다. 높은 나무가 근처에 있을 때는 작거나 낮은 나무 주변에 머문다. 그리고 낚싯대, 골프채, 우산, 깃발과 같은 물체는 버린다.
- 번개는 금속을 통해 긴 거리를 이동할 수 있으므로 금속으로 만들어진 철책이나 말뚝 주변에서 멀리 떨어진다.

- 자동차를 타고 있을 때에는 차를 세워 시동을 끄고, 자동차의 라디오를 꺼 안테나를 내리고, 아무것도 만지지 말고 그대로 앉아 있는다. 차에 번개가 치면 전류는 도체인 차의 표면을 따라 타이어를 통해 지면으로 흐르게 되므로 안전할 것이다.

- 전류가 도선을 따라 이동할 수 있으므로 유선전화는 사용하면 안 되지만 위급할 때 무선전화나 핸드폰은 사용해도 좋다.

- 번개의 징후가 보인다면 전자제품의 플러그를 전원에서 빼놓는다. 하지만 번개를 본 후에는 플러그를 꽂아놓은 전자제품은 어떤 것도 만지지 않는다. 그리고 전기가 흐를 수 있는 곳에는 절대로 가까이 가지 않는다.

- 전류는 물을 통해 흐를 수 있으므로 샤워기로 목욕을 하고 있거나 수영을 하는 중이라면 서둘러 밖으로 나와 보호시설을 찾아야 한다.

- 탁 트인 평지를 가는 중에 번개가 치면 지면과의 접촉을 최소화하기 위해 발바닥을 구부리고 웅크려 앉아 가능한 몸을 낮게 하고 무릎을 붙이고 양손으로 두 귀를 덮는다. 그리고 머리를 최대한 아래로 구부려 가능한 자신을 작은 목표물로 만든다. 전류가 땅을 통해 다리로 들어올 수 있는데 이때 무릎을 붙이면 전류가 다른 무릎 쪽으로 이동해 다시 땅속으로 흘러가므로 심장을 통과하는 것을 막을 수 있다.

- 몸을 낮게 하기 위해 납작 엎드려야 한다고 생각하는데, 이럴 경우 지면과의 접촉이 커지므로 절대로 지면에 납작 엎드려서는 안 된다.

30/30 번개 안전 규칙

30/30 번개 안전 규칙이라는 것이 있다. 그 이름이 재미있는데, 방법은 다음과 같다. 번개를 본 후에 천둥소리를 듣기까지 30초가 걸리지 않았다면 서둘러 실내로 들어가라. 그리고 마지막 천둥소리를 듣고 나서 30분이 지나기 전에는 활동을 다시 시작하지 말고 실내에 머물러라. 번개에 의한 피해를 줄이는 가장 안전한 방법은 역시 번개와 마주치지 않는 것뿐이다.

● 번개로 인해 여러 명의 희생자들이 생기는 위험을 최소화하기 위해서는 뭉쳐 있지
  말고 흩어지는 게 더 낫다.

일상생활에서의 번개? 감전 현상

번개를 맞았다는 것은 인체를 따라 전류가 이동했다는 것이다. 이것은 일상생활에서 한 번쯤은 겪어보았을 감전 현상과 비슷하다. 예를 들어 건조한 날씨에 스웨터를 입거나 벗을 때 생기는 정전기나 지하철에서 금속으로 만든 손잡이나 기둥을 잡으려고 손을 가까이 댈 때 갑자기 발생하는 스파크 같은 것이다. 물론 번개는 이런 감전 현상보다는 훨씬 규모가 큰 현상이므로 번개에 의한 감전은 정전기나 스파크처럼 깜짝 놀라며 따끔거리는 정도로 끝나지 않는다.

정확하게 말하면, 감전이란 인체에 전류가 흘러 생리적 변화를 일으키는 일이다. 인체의 감전에 따른 증상은 개인에 따라 차이가 있어서, 남자보다는 여자일수록 그리고 연소자나 허약자일수록 전류의 세기가 작더라도 증상이 더 심하며, 일반적으로는 전류가 커질수록 증세가 더 심각해진다.

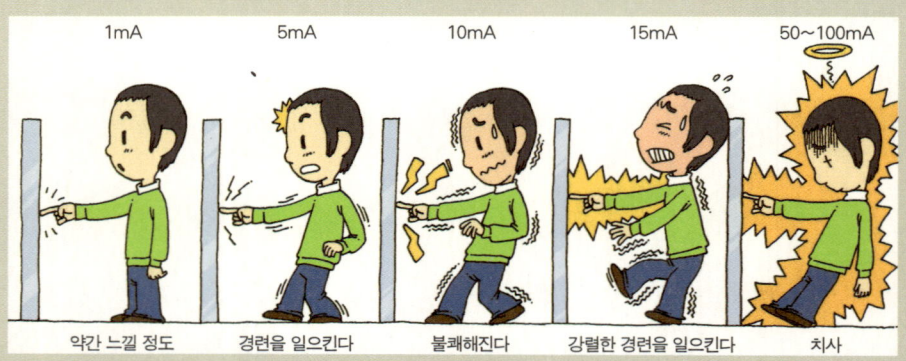

1mA	5mA	10mA	15mA	50~100mA
약간 느낄 정도	경련을 일으킨다	불쾌해진다	강렬한 경련을 일으킨다	치사

▲ 전류의 크기에 따른 증상

전류가 커질수록 증상은 더 심각하지만, 감전에 따른 증상은 개인차가 있다. 전기를 다루는 직업에 종사하는 사람들은 각별히 주의해야 한다.

감전 현상을 줄이기 위해 하는 것이 접지다. 접지란 전기기구의 일부를 땅에 잇는 것이다. 기기의 전위를 대지와 동일한 전위로 유지하고 또 대지를 전기회로의 일부로 이용하기 위해서다. 접지를 할 때는 저항을 작게 해야 효과가 있으므로 저항이 작은 도선을 대지에 잇는다. 우리가 차

를 타고 목적지를 갈 때 길이 막히는 곳보다 뚫리는 곳으로 가려고 하듯이 전류도 저항이 큰 쪽 보다는 작은 쪽으로 흐르려고 하기 때문이다. 따라서 도선을 대지에 이으면 전기기기의 전위는 대지와 상등하게 0이 되어 사람의 저항보다 작아 전류가 도선을 따라 대지로 흐르게 된다. 사람 이 기기에 닿아도 감전되지 않을 수 있다. 전기기기의 겉표면이나 피뢰침 등을 접지시키는 것은 이 원리를 이용한 것이다. 접지의 효과를 보려면 방전된 전기가 인체가 아닌 접지선을 타고 지 면으로 흘러들어가야 한다. 하지만 번개가 인체에 직접 맞은 경우 접지는 아무 소용이 없다. 이 때는 인체가 도선이 되어 전류가 인체를 타고 땅으로 흘러들어가게 되고 인체는 저항으로 작용 해 위험해지는 것이다.

TORNADO

03
토네이도

너무나 극적으로 보이고, 마법의 세계에나 있을 것 같아서 우리의 호기심을 자극하는 토네이도는 과연 어떤 현상일까? 만약 여행 중에 토네이도를 만난다면 카메라 셔터를 누르며 편안하게 감상할 수 있을까? 마법같이 신기하고 무시무시한 토네이도의 세계로 들어가보자.

01 ⊕ 도로시가 오즈로 간 까닭

도로시와 친구들이 마법의 나라 오즈에서 겪게 되는 모험 이야기를 그린 〈오즈의 마법사〉는 1900년에 소설이 발표된 이후 영화와 뮤지컬로 공연되며 전 세계 많은 사람들에게 사랑을 받아온 작품이다. 캔자스의 작은 시골마을에 살던 도로시가 별안간 마법의 나라로 가게 된 것은 도로시와 강아지 토토가 남아 있던 집을 통째

▲ 영화 〈오즈의 마법사〉(1939)의 한 장면
도로시를 오즈로 보내주는 토네이도는 실제로는 어마어마한 피해를 입히는 무서운 자연현상이다.

로 오즈로 옮겨버린 거대한 회오리바람 때문이었다. 작가는 왜 이처럼 일어나기 어려운 황당한 설정으로 도로시를 오즈로 보냈을까? 도로시가 살고 있던 캔자스 주는 이 회오리바람의 모델이 된 '토네이도'가 자주 발생하는 대표적인 곳이다. '트위스터', '신의 손가락', '악마의 꼬리' 등 다양한 별명을 가진 토네이도. 너무나 극적인 장면을 연출하지만 우리에게는 다소 생경한 토네이도는 과연 어떤 자연현상일까?

여름철에 우리는 가끔 뭉게뭉게 발달하는 적란운에서 강한 돌풍과 함께 천둥번개를 동반한 비나 우박이 몰아치는 뇌우를 경험하기도 한다. 이 뇌우로부터 엄청난 회전력을 가진 깔때기 모양의 구름이 발을 내밀고 내려와 마침내 지면에 닿으면, 닥치는 대로 휩쓸어버리는 강력한 회오리바람이 생기는데, 바로 이것이 토네이도tornado다.

토네이도는 육지뿐만 아니라 바다에서도 생길 수 있다. 바다에서 생긴 토네이도를 '물기둥' 혹은 '물 뿜기' 정도로 해석할 수 있는 워터스파우트waterspout라고 한다. 산이 많고 평지가 적은 우리나라는 지형적인 특성상 육지에서는 토네이도가 발생하기 어렵지만 바다에서는 아주 가끔씩 이런 일이 일어난다. 바다에서 발생한 토네이도의 모습이

▲ 용오름

구름에서 내려온 깔때기 구름이 바다 표면에 닿으며 마치 용이 승천하는 모습처럼 보여 용오름이라 부른다. 사진의 용오름은 2003년 울릉도 부근에서 발생했다.

ⓒ 선종혁

오랜 세월을 기다려 마침내 하늘로 승천하는 용의 모습을 닮았다 하여 우리나라에서는 예로부터 '용오름'이라고 불러왔다. 이런 이유로 일부 학자는 고문서에 나타난 용을 보았다는 기록을 용오름에 대한 기록으로 추측하기도 한다. 기상청이 관측기록을 남긴 이래 우리나라에는 몇 차례 강한 회오리를 동반한 돌풍은 있었으나 공식적으로 육지에서 토네이도가 발생했다는 기록은 없다. 하지만 용오름은 해상에서 몇 차례 관측되었다. 2003년 10월 3일 울릉도 저동항 북동쪽 1.5km 해상에서는 오전 9시 55분부터 10시 35분까지 40분간 용오름 현상이 발생하여 남동쪽으로 약 200m를 이동하고 사라졌다. 이 당시 용오름의 높이는 약 500~600m, 용오름 기둥의 지름은 최대 25~30m로 관측되었다.

　많은 사람들은 용오름의 기둥을 바닷물이 물기둥을 이루며 구름으로 빨려 올라가는 것으로 생각하지만 실제로는 풍부한 수증기를 가진 공기가 빨려 올라가다 응결하며 만들어진 구름 기둥이다. 아주 강한 용오름의 경우에도 직접 빨려 올라가는 바닷물의 양은 매우 적다. 해상에서 만들어진 용오름은 대체로 육지에서 만들어진 것에 비해 규모나 위력이 약하나 인근을 지나는 배에는 치명적인 피해를 줄 수 있으므로 조심해야 한다. 위험하기는 하지만 사람에게 피해가 없는 한에서 가끔씩 이 신비로운 현상이 발생하는 것은 자연의 경이로움을 느껴보고 싶은 우리에게 그리 나쁜 일은 아닐 듯하다.

02 🌐 토네이도의 다양한 색깔

토네이도의 색깔은 토네이도가 만들어지는 환경에 따라 매우 다양하게 나타난다. 수증기가 적고 먼지도 별로 없는 조건에서 형성된 토네이도는 기본적으로 회전하는 토네이도의 모습이 잘 보이지 않는다. 수증기가 충분하여 응결이 활발하게 진행되고 먼지나 파편이 거의 날리지 않으면 흰색이나 회색을 띠는 경우가 많고, 경우에 따라서는 옅은 푸른빛을 띠기도 한다. 먼지가 날리는 경우는 날리는 먼지에 따라 다양한 색깔을 가질 수 있다. 붉은 토양이 깔린 미국의 대평원에서는 붉은색을 띠고 있을 때가 많고, 눈 덮인 산을 넘는 토네이도는 주변에 날리는 눈 때문에 눈부신 흰색을 보이는 경우도 있다.

　토네이도 주변의 빛은 토네이도를 다양한 색깔로 보이도록 만들 수 있다. 토네이도를 동반한 적란운이 햇빛을 가리는 방향에서 바라보면 토네이도는 어둡고 암울한 색깔을 띠지만, 태양이 환하게 비치는 방향에서 바라본 토네이도는 흰색이나 밝은 회색을 띤다. 석양이 질 무렵에는 토네이도가 노란색이나 주황색, 분홍색 등의 다양한 색깔로 보

후지타 등급과 피해 정도			
등급	풍속(km/h)	피해 정도	발생빈도
F0	64~116	굴뚝에 피해가 생기고, 나뭇가지가 부러진다. 얕은 뿌리의 나무가 뽑히고, 간판이 손상된다.	29%
F1	117~180	지붕의 바깥 부분이 날아간다. 이동주택이 뒤집히고 차가 길에서 이탈한다.	40%
F2	181~253	골격이 튼튼한 집의 지붕이 완전히 찢겨 날아간다. 이동주택이 완전히 파괴된다. 큰 나무가 완전히 뿌리 뽑히고 가벼운 물체가 미사일처럼 날아다닌다. 차가 지면에서 들어 올려질 수 있다.	24%
F3	254~332	견고한 집의 지붕과 벽이 완전혀 붕괴된다. 기차가 전복되고, 숲의 대부분의 나무들이 완전히 뿌리 뽑힌다. 무거운 차가 들어 올려져 내동댕이쳐진다.	6%
F4	333~418	견고한 집도 완전히 붕괴되어 내려앉는다. 기반이 약한 구조는 멀리 날아간다. 차가 날아가고, 큰 물체들이 미사일처럼 날아다닌다.	2%
F5	419~512	아주 견고하게 지어진 건물도 온전히 붕괴되고 날아가버린다. 자동차 크기의 물체들이 100m 이상 미사일처럼 날아다닌다. 나무의 속과 껍질이 완전히 분리되어 떨어지는 등 믿기 힘든 현상들이 생긴다.	1% 미만

이기도 한다. 많은 양의 먼지를 동반하거나 어두운 시간에 나타난 토네이도는 주변이 어두워 잘 보이지 않으므로 사람들에게 더욱 위험할 수 있다. 그러나 다행스럽게도 대부분의 토네이도는 해가 지기 전에 발생하고, 토네이도 주변의 뇌우에서 발생하는 번개가 순간적으로 토네이도의 정체를 보여주는 경우가 많다.

03 ● 후지타 등급

그렇다면 토네이도는 어떤 식으로 분류할 수 있을까? 토네이도의 위력을 정확하게 표현하기 위해서는 발생한 토네이도의 풍속, 회전 반지름, 중심 기압 등의 정확한 정보가 필요하다. 하지만 애석하게도 대부분의 관측장비가 토네이도에는 무용지물이다. 좁은 지역에 잠깐 생겼다 사라지므로 관측기기를 토네이도가 지나는 길목에 설치하기도 힘들 뿐 아니라 강한 풍속과 바람에 섞여 날리는 많은 파편들에 의해 관측장비가 제대로 작동하지 못하고 고장나버린다. 이런 어려움 때문에 토네이도 연구의 선구자였던 후지타는 피해 규모를 통해 간접적으로 토네이도의 풍속과 강도를 규정하는 F등급(후지타 등급)을 제시했다. F0에서 F5까지로 분류한 이 등급에서 가장 강한 F5등급 토네이도는 그 발생률이 1% 미만이기는 하지만 한번 발생하면 자동차 크기의 물체를 100m 이상 날려버릴 정도의 위력을 가지고 있다. 지금까지 F등급은 토네이도를 분류하는 표준 방법으로 사용되어왔으나 건축물의 견고함, 재질의 다양함 등과 같은 여러 변수에 따른 피해 정도를 고려하지 못한 단점이 있었다. 이러한 문제점을 보완하기 위해서 세계의 기상학자와 공학자들은 원래의 후지타 등급을 개선하여 28개의 피해지수를 가진 EF등급을 새로 마련했으며 2007년 2월부터 적용하고 있다.

04 ⊕ 토네이도가 자주 발생하는 곳

토네이도는 주로 어디에서, 언제 발생하는 것일까? 이 질문의 답은 토네이도의 탄생과 성장에 대한 많은 비밀을 알려준다. 토네이도가 발생하는 곳은 미국, 유럽, 중국과 호주 등 특정 지역에 한정되어 분포하고 있으며, 특히 전 세계에 발생하는 토네이도의 약 80%는 미국에서 발생한다.

한 가지 흥미로운 사실은 토네이도의 발생지역이 전 세계 농업지역의 분포와 매우 잘 일치한다는 사실이다. 왜 그럴까? 농사가 잘 되기 위해서는 식물의 성장에 꼭 필요한 충분한 물과 계절에 맞는 충분한 일사량이 필요하다. 토네이도가 식물이 잘 자라는 지역에서 자주 발생하는 것은 토네이도 역시 이러한 조건 속에서 잘 만들어질 수 있음을

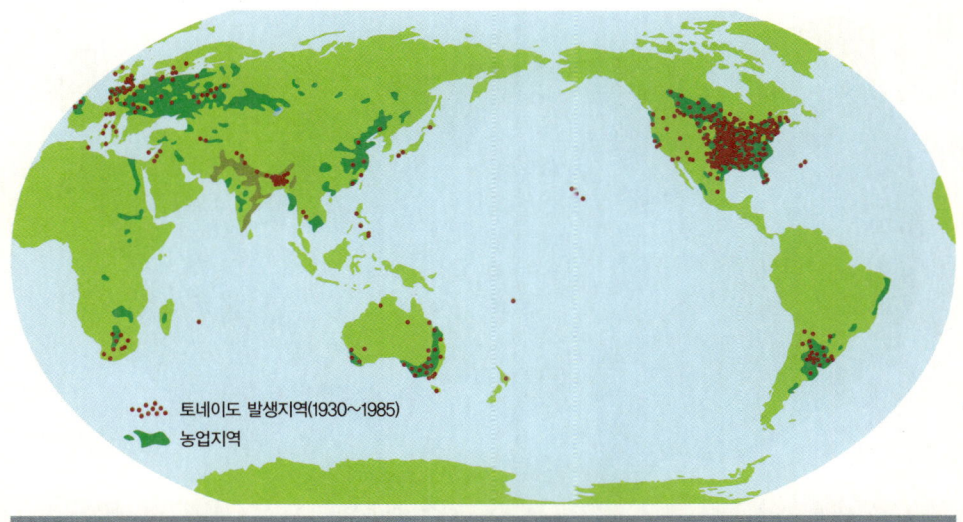

▲ **농업지역과 토네이도 발생지역**

토네이도는 주로 미국, 유럽, 중국, 호주 등 특정 지역에서 발생하는데, 토네이도의 발생지역과 세계적인 농업지역의 분포는 비교적 잘 일치한다.

말해준다. 토네이도가 탄생하고 성장하기 위해서는 대기 중에 풍부한 수증기가 있는 것이 유리하고, 일사량도 대기 불안정을 일으키기에 충분할 정도가 되어야 한다.

미국의 토네이도 발생지역의 분포를 보면, 산이 많고 지형이 복잡한 서부에서는 거의 발생하지 않음을 알 수 있다. 토네이도는 멕시코 만의 따뜻하고 습한 공기와 알래스카, 캐나다 지역으로부터 밀고 내려오는 차고 건조한 공기가 만나 대기 불안정이 큰 중부 대평원 지역에서 많이 발생한다. 토네이도가 자주 발생하는 곳은 텍사스 주, 오클라호마 주, 캔자스 주를 포함하는 중부 대평원 일대로, 이 지역을 토네이도 앨리Tornado Alley 라고 부른다.

그러면 토네이도는 언제 자주 발생할까? 토네이도는 일사량이 많아지며 대기가 불안정해지기 시작하는 4월부터 7월에 많이 발생하며, 특히 5월과 6월이 가장 많다. 하루 중에는 태양의 가열에 의해 대기가 불안정하기 쉬운 오후 3시부터 6시 사이에 가장 많이 발생한다. 사람들이 잠든 밤에 자주 발생하지 않는 것은 그나마 다행스런 일이다.

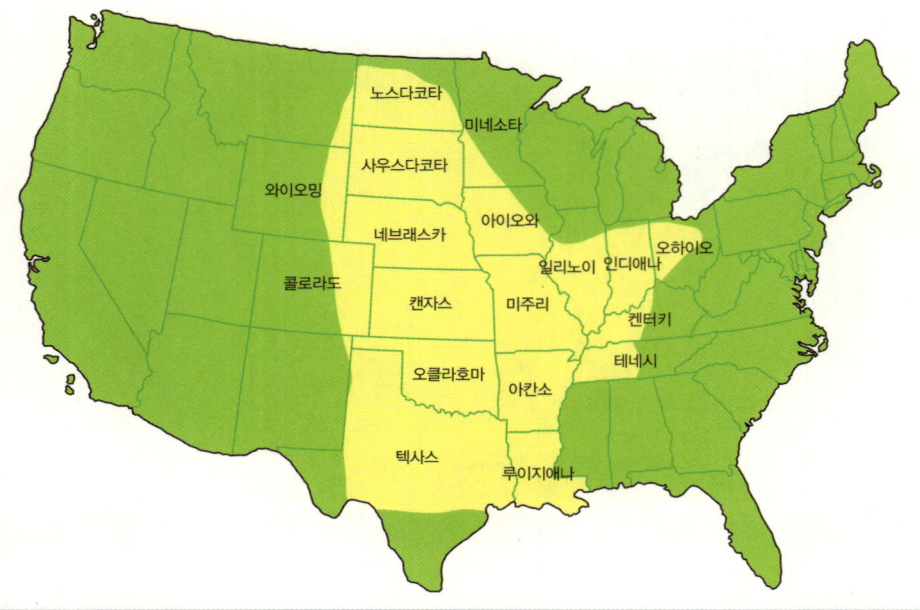

▲ 미국의 토네이도 앨리

토네이도는 대기가 불안정한 중부 평원에서 주로 발생하는데 이 지역을 토네이도 앨리라고 부른다.

🔍 토네이도는 미국에서만 일어나는 일?

전 세계에서 발생하는 대부분의 토네이도는 미국에 집중되지만 유럽과 아시아에서도 토네이도가 발생한다. 유럽의 경우, 네덜란드는 단위 면적당 토네이도 발생 횟수가 가장 많은 나라이고, 두 번째로 많은 나라는 영국이다. 2006년 8월에는 서유럽과 영국에서 몇 차례의 토네이도가 발생하여 각각 38명과 8명의 부상자가 발생했다. 부상자의 규모에서 알 수 있듯이 유럽에서 발생하는 토네이도는 대체로 위력이 약해 큰 피해를 주지는 않는다.

아시아의 경우, 인도 동부와 방글라데시는 미국에서 볼 수 있는 강력한 토네이도가 종종 발생하는 곳이다. 게다가 이곳은 예보 시스템과 방송시설 등이 부족하여 매년 큰 인명과 재산 피해를 입고 있다. 우리나라 주변의 중국과 일본에서도 토네이도에 의한 인명 피해를 입은 경우가 있었다. 일본의 경우, 대략 7~9년 간격으로 토네이도가 발생해왔는데, 특히 2006년에는 9월과 11월 두 차례 토네이도가 발생하여 각각 3명, 9명의 희생자가 생겼다. 일본에서 그리 멀지 않은 우리나라는 몇 차례 강한 회오리성 돌풍이 보고된 적은 있으나 육지에서 토네이도가 발생한 적은 없었으며, 해상에 발생하는 용오름은 몇 차례 관찰되었다.

05 🌐 토네이도, 그 탄생의 신비

토네이도는 어떻게 만들어지고 성장하는 것일까? 토네이도는 허리케인을 포함한 여러 기상 현상과 맞물려 나타날 수 있으나 대부분의 강력한 토네이도는 거대세포 뇌우로부터 발달하는 것으로 알려져 있다. 지면이 불균등하게 가열되거나 성질이 다른 두 공기 덩어리가 만나면 강한 상승 기류가 발생하면서 적란운이 생기는데, 이 적란운이 만들어 내는 폭풍을 뇌우라 한다. 상승하던 공기 속에 풍부한 수증기가 포함되어 있다면 이 수증기는 냉각되어 응결하며 두꺼운 구름층을 만들고, 응결하면서 내어놓는 열은 공기의 상승을 더욱 가속시켜 구름의 키를 더욱 키우게 된다. 하지만 일반적인 뇌우는 비가 내리기 시작하면서 만들어지는 하강 기류에 의해 수십 분에서 한 시간 이내에 소멸하는 것이 보통이다.

▲ 뇌우의 성장과 소멸

지면 가열로 상승 기류가 생기고 상승한 공기 중의 수증기가 응결하여 적운이 만들어진다(적운단계). 성장하던 구름은 적란운으로 발달해 소나기성 비가 내린다(성숙단계). 비는 상승 기류의 성장을 막아서 구름은 더 이상 성장하지 못하고 소멸한다(소멸단계).

그러나 하강 기류가 상하층의 바람과 적절히 맞물리며 오히려 더욱 강력한 상승 기류를 유도해내어 점점 더 발달하는 경우에는 2~4시간 동안 지속되는 지름 20~50km 규모의 거대세포 뇌우가 된다. 거대세포 뇌우 속에서 거대한 구름의 회전 현상이 나타나면 토네이도가 발생할 가능성이 매우 커진다. 메조사이클론mesocyclone이라 불리는 이 현상은 수km 상공에서 일어나는, 지름 약 10km 규모를 가진 거대한 회전 흐름이다. 과학자들은 이 메조사이클론을 토네이도 발생 30분 전의 중요한 전조 현상으로 여기며 이들 중 약 50% 정도는 토네이도를 만든다고 본다.

거대세포 뇌우 속에서 발달하기 시작한 메조사이클론의 회전 반지름이 줄어들면 회전 속도가 빨라지며 회전 기둥은 아래위로 길쭉하게 늘어나서 구름의 아래쪽에 벽 구름wall cloud이 밀려 내려오게 된다. 이러한 현상은 피켜 스케이팅 선수가 팔을 벌리고 천천

▲ 메조사이클론과 벽 구름
메조사이클론의 회전 반지름이 줄면서 회전 속도가 빨라지면 구름 아래쪽에 마치 성벽처럼 생긴 벽 구름이 생긴다.

히 회전하다 팔을 오므리며 회전 반지름을 줄일 때 회전 속도가 빨라지는 것과 같은 이치다. 이 벽 구름으로부터 좁고 빠르게 회전하는 깔때기 구름이 생기고 이 구름이 아래로 내려와 지면에 닿으면 비로소 토네이도가 탄생하게 된다.

　토네이도가 만들어지는 이러한 과정은 비록 학자들이 오랜 연구 끝에 밝혀낸 것이지만 토네이도 생성의 비밀 중 아주 작은 일부에 불과하다. 또, 모든 토네이도가 이러한 표준적인 과정을 겪는 것은 아니다. 우리는 여전히 토네이도가 발생하기 위해 필요한 요인들이 무엇인지, 이들이 서로 어떻게 영향을 주고받는지 모른다. 토네이도 탄생의 많은 비밀은 여전히 신비의 베일 속에 숨어 있는 셈이다.

06 🌐 성장과 소멸

벽 구름에서 지면으로 내려오는 구름을 깔때기 구름이라 부르긴 하지만 이름에 걸맞지 않게 대부분은 기둥 모양에 가까운 경우가 더 많다. 이 깔때기 구름은 대개 작은 물방울로 되어 있으므로 벽 구름과 같은 일반적인 구름의 색을 띠거나 희미하게 보이지만, 일

▲ 토네이도의 탄생과정

벽 구름 아래로 좁고 빠르게 회전하는 깔때기 모양의 구름이 발을 내밀고 내려와 바닥에 닿는 순간 비로소 새로운 토네이도가 태어난다.

단 바닥에 닿아 토네이도가 되면 많은 먼지와 파편들을 빨아올리게 되므로 흙먼지가 가득한 혼탁한 모습으로 변한다. 토네이도는 지름이 수m에서 수백m까지 다양하며, 순간 풍속 100~400km/h의 엄청난 속력으로 회전하면서 평균 50km/h의 속력으로 7~8km의 지면을 훑으며 지나간다. 짧게는 수 초에서 길게는 한 시간 이상 지상을 휘젓고 다니며 지나는 길을 초토화시킨다.

이렇게 지면을 휩쓸고 다니던 토네이도는 드물게는 상승 기류가 급격히 약해지고 회전 반지름이 커지면서 사라지기도 하지만, 대개는 힘이 약해지면서 깔때기 구름의 반지름이 줄어들고, 토네이도의 기둥이 기울기 시작한다. 시간이 점점 지나면서 토네이도는 꼬아진 밧줄처럼 가늘어지고 이리저리 휘청거리며 기울어지고 휘어지다 마침내 순식간에 자취를 감추며 사라진다. 이 시기는 전체적으로 토네이도의 힘이 약해진 때이기는 하지만, 회전 반지름이 좁아질수록 회전 속도는 빨라져 풍속이 매우 빠르고, 사방으로 요동치며 흔들리기 때문에 진행 방향의 예측이 어려워 여전히 매우 위험하다.

토네이도가 갑자기 힘을 잃으며 사라지는 과정 역시 생성과정만큼이나 많은 부분이 베일에 가려져 있다. 경우에 따라서는 토네이도가 사라진 직후 부근에 새로운 토네이도가 다시 탄생하기도 한다. 토네이도를 만들어내는 거대세포 뇌우에서의 공기의 상하 운동이 토네이도의 생성

▲ 밧줄 모양의 토네이도
토네이도는 시간이 지나 힘이 약해지면 대개 반지름이 줄어들면서 꼬아진 밧줄처럼 가늘어지며 이리저리 휘청거리다 순식간에 자취를 감추고 사라진다.

과 소멸에 큰 영향을 준다고 생각하고 있지만 정확히 어떤 요소가 어떤 영향을 주는지는 앞으로 기상학자들이 풀어야 할 큰 숙제다.

🔍 토네이도와 태풍, 어떻게 다르지?

토네이도의 강력한 회오리의 모습과 엄청난 파괴력을 보며 많은 사람들은 태풍을 떠올린다. 어떤 사람들은 토네이도를 작지만 더 강력한 태풍이라고도 생각한다. 하지만 태풍과 토네이도는 발생 과정과 규모가 전혀 다른 별개의 현상이다. 태풍은 따뜻한 해상에서 발생하는 반면 토네이도는 대부분 거대세포 뇌우 속에서 태어나며 대부분 육지 태생이다. 또한 태풍은 지름 800~1,000km의 규모이며, 일주일 이상 그 위용을 자랑하는 데 반해 토네이도는 최대 지름이 수백m 정도에 불과하며 지속 시간도 수 분에서 길어야 한 시간에 불과하다. 태풍의 덩치와 수명을 사람에 비유한다면, 토네이도는 하루살이쯤에 해당한다고 볼 수 있다.

하지만 순간 풍속은 태풍이 보통 15m/s이고 강력한 태풍이더라도 30~40m/s 정도인 데 반해 토네이도는 100m/s나 그 이상의 풍속을 가진다고 추정된다. 태풍의 중심 기압은 500km 바깥의 주변보다 크게는 약 70hPa 정도 낮지만, 토네이도는 수백m 떨어진 주변에 비해 크게는 100hPa* 정도의 엄청난 차이를 보인다. 따라서 토네이도가 지나는 길목에 있는 지역은 태풍보다 훨씬 큰 바람과 큰 기압 차를 경험하며 더 큰 피해를 볼 수 있다. 하지만 태풍은 토네이도와 비교할 수 없이 넓은 지역에 오랜 시간 영향과 피해를 줄 수 있으므로 전체적인 위력이나 에너지의 규모는 태풍이 훨씬 크다.

여러 면에서 달라 보이는 태풍과 토네이도는 에너지 불균형에 의해 생긴 대기의 불안정을 해소하기 위해 발생한 극단적인 기상 현상이라는 공통점이 있다.

07 🌐 토네이도의 위력

〈오즈의 마법사〉에서 토네이도는 우리를 동화의 나라로 안내해주는 환상적이고 신비로운 현상이지만, 현실 속에서는 엄청난 파괴력을 가진 무서운 자연현상이다. 과연 토네이도는 얼마나 자주 발생하며 그 위력은 얼마나 될까?

토네이도가 자주 발생하는 미국에서는

100hPa 1hPa은 1m²의 면적에 100N(약 10kg중)의 힘이 작용하는 크기의 압력이다. 그러므로 100hPa은 1m²의 면적에 약 1t의 무게가 누르는 힘을 의미한다.

평균적으로 해마다 약 800개 이상의 토네이도가 발생하여 약 80명의 인명을 앗아간다고 한다. 1974년에는 4월 2~3일에 걸쳐 13개 주에서 총 148개의 토네이도가 동시다발적으로 발생하여 330명이 사망하고 5,484명이 부상을 당했다. 당시 토네이도 예보 시스템

▲ **토네이도에 의한 피해**
1999년 4일간 4개 주에서 발생하는 토네이도의 출발점이었던 오클라호마 주는 첫날 F5등급을 포함하여 58개의 토네이도가 발생했으며, 40명이 사망하고 11억 달러의 재산 피해를 입었다.

이 제대로 갖춰지지 않았던 것이 사실이지만, 그렇다 해도 이처럼 큰 피해는 토네이도의 위력이 얼마나 대단한지 단적으로 보여준다.

토네이도는 모양이 다양하고 변화무쌍한 만큼 그 규모와 위력도 다양하다. 휩쓸고 지나는 소용돌이의 크기는 작게는 10m에서 크게는 수백m에 이르기까지 매우 다양하다. 보통 크기가 클수록 피해 규모가 커지는 편이지만 반드시 그런 것은 아니며, 10m 크기의 토네이도는 바로 옆의 집은 멀쩡히 둔 채 한 집만 쑥대밭으로 만들어버리는 만화 같은 장면을 연출하기도 한다. 정확한 측정은 불가능하지만 중심부에는 대략 100~400km/h의 강력한 바람이 불고, 보통은 수 분 정도 지속되지만 어떤 토네이도는 한 시간 이상 지속되기도 한다.

역사적으로 가장 큰 피해를 입힌 토네이도는 대부분 F4나 F5등급으로 순간 풍속 330km/h를 넘는 엄청난 위력의 토네이도였다. 그러나 다행스럽게도 전체 토네이도 중에서 이처럼 강력한 토네이도는 약 1%에 불과하다.

08 🌐 토네이도 추적자들

토네이도의 가공할 파괴력은 많은 사람들, 특히 토네이도가 빈번하게 발생하는 지역에 살고 있는 사람들을 불안에 떨게 만든다. 언제 어디서 발생할지, 어디로 향해 갈지, 얼마나 위력적일지도 알 수 없는 상황은 토네이도 자체가 불러일으키는 공포만큼이나 무서운 일이다. 이 극단적인 기상 현상에 대해 오래전부터 많은 사람들이 관심과 호기심을 가져왔으며, 이 괴물의 정체를 밝히기 위한 노력도 계속되었다.

토네이도의 정체를 연구할 때 가장 큰 어려움은 토네이도 자체에 대한 정확한 정보를 얻기 어렵다는 사실이다. 워낙 순식간에 발생했다가 금방 사라지고, 가까이 다가가는 일도 너무 위험하기 때문에 직접 관찰을 하거나 장비를 이용하여 관측하는 일이 매우 어렵다. 1980년대에 과학자들은 토네이도의 정확한 자료를 얻기 위해 온도, 습도, 풍속 등의 정보를 알 수 있는 관측기기를 트럭에 싣고 다니다가 토네이도가 진행하는 길목에 설치하기도 했다. 이런 일은 토네이도를 쫓아다니며 많은 위험에 스스로 노출되어

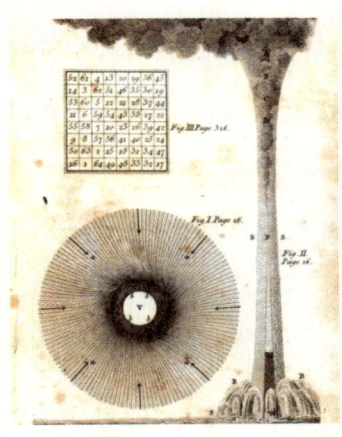

▲ 벤자민 프랭클린의 용오름

벤자민 프랭클린이 1806년 「용오름과 회전하는 바람」이라는 논문에 실은 삽화.

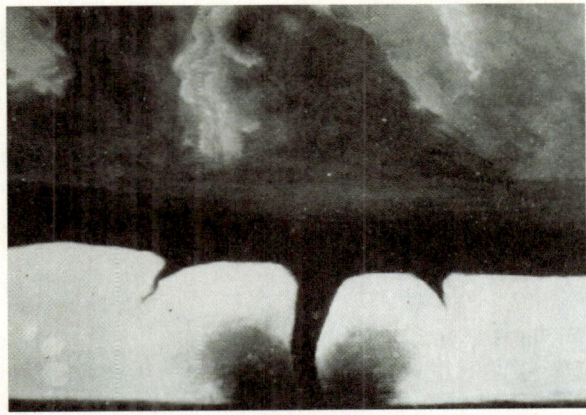

▲ 가장 오래된 토네이도 사진

1884년 F. N 로빈슨이 촬영한 최초의 토네이도 사진으로 가운데 잘 성장한 토네이도 양쪽으로 2개의 깔때기 구름이 내려오고 있다.

야만 한다. 토네이도의 위력을 실감나게 묘사한 영화 〈트위스터〉에서 주인공은 이와 같은 일을 하는 토네이도 추적자다. 토네이도가 발생할 것으로 예상되는 지역에서 토네이도의 출현을 기다리고, 그들을 쫓아다니며 사진이나 동영상으로 기록하고, 관측자료를 얻는 이 사람들의 활동은 일면 무모해 보이지만, 토네이도를 연구하는 데 중요하고 좋은 자료를 제공하는 아주 특별한 사람들이다.

09 ⊕ 예보와 경보 시스템의 영리한 진화

토네이도 추적자들의 노력은 토네이도 연구에는 크게 기여하고 있으나, 토네이도의 정체를 이해하기엔 매우 수동적인 방법이며, 분초를 다투는 토네이도의 예보에는 크게 도움이 되지 못한다. 현재 토네이도의 발생과 이동을 예보하는 데 가장 유용하게 사용되는 장비는 도플러 레이더Doppler radar다. 군사적인 목적으로 발달하기 시작한 레이더는 먼 거리의 물체에 전파를 쏘아 돌아오는 전파의 상태를 분석하여 유용한 정보를 얻는 기술이다. 도플러 레이더는 물방울에 민감하게 반응하는 마이크로파를 이용하여, 구름 속에 분포하는 물방울이 반사시켜 되돌아오는 전파의 강도를 분석함으로써 구름 속의 물방울이나 빗방울에 대한 정보를 얻어낸다. 뿐만 아니라 물방울이 멀어지거나 가까워질 때 생기는 전파의 파장 변화, 즉 도플러 효과*를 이용하여 구름 속 물방울의 변화 양상까지 파악할 수 있다. 대부분의 토네이도가 강한 강우를 동반한 거대세포 뇌우에서 발생하므로 이 방법은 토네이도 발생 예보뿐 아니라 이동 방향까지 어느 정도는 예측할 수 있다.

도플러 효과 파동을 발생시키는 파원과 그 파동을 관측하는 관측자 중 하나 이상이 운동하고 있을 때 발생하는 효과로 파원과 관측자 사이의 거리가 좁아질 때에는 파동의 진동수가 더 높게, 거리가 멀어질 때에는 파동의 진동수가 더 낮게 관측되는 현상이다. 다가오는 기차의 경적 소리와 멀어지는 기차의 경적 소리가 다르게 들리는 이유도 바로 이 도플러 효과 때문이다.

현재 미국에서는 약 160개의 도플러 레이더를 네트워크로 구성하여 24시간 감시체계를 갖추고 토네이도를 예보하고 있다. 레이더 영상에서 붉은색으로 표시된 부분은 강한 강우를 포함하는 곳으로 낚싯바늘 모양의 끝 부분에서 토네이도가 발생할 가능성이 매우 높다.

미국은 1948년 토네이도 예보를 시작한 이래, 현재는 도플러 레이더와 컴퓨터

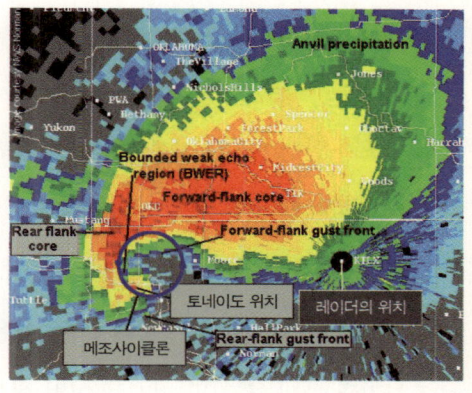

▲ 도플러 레이더

1999년 오클라호마에서 발생한 토네이도의 레이더 사진. 붉은색으로 나타나는 부분에 많은 비가 내리며, 낚싯바늘 모양의 끝부둔에 토네이도가 위치한다.

기술의 진보에 힘입어 약 10분 정도 미리 토네이도를 예보할 수 있다고 한다. 짧은 시간이지만 이 시간은 사람들이 자신과 가족의 생명을 지킬 수 있는 너무나 귀한 시간이다. 그런데 이들이 어떻게 신속하게 토네이도 경보를 접할 수 있을까? 특히 텔레비전을 시청하지 않는 한밤중에 토네이도가 발생한다면 어떻게 사람들에게 알릴 수 있을까? 토네이도가 자주 발생하는 지역에서는 특별한 라디오를 사용한다. 이 라디오는 평상시에는 꺼져 있지만 토네이도 경보를 알릴 때는 특별한 주파수에 의해 자동으로 켜져 사람들에게 토네이도의 발생 위험을 알려준다고 한다. 위험 수위가 높을수록 사람들의 대처 방법도 현명해지는 법이다.

지구상에 발생하는 가장 극단적이고 위협적인 기상 현상 중의 하나인 토네이도를 이해하는 일은 자연현상에 대한 호기심을 충족한다는 의미에서도 중요하지만 자연의 위협으로부터 사람들의 생명과 재산을 지켜내기 위해서도 매우 중요하다. 지금 이 순간 많은 자료를 분석하며 연구에 매달리고 있는 과학자들에게 우리는 마음으로나마 고마움을 표시해야 하지 않을까?

10 🌐 기적을 바라지 말 것

토네이도가 발생하면 어떻게 대비해야 할까? 한때 토네이도의 가장 위험한 요인이 토네이도가 만들어낸 낮은 기압이라고 잘못 알려진 적이 있었다. 토네이도의 내부와 바깥쪽 기압이 약 100hPa까지 차이가 날 수 있으므로 밀폐된 건물이 압력 차에 의해 폭발하여 붕괴될 수 있다고 생각한 것이다. 이런 이유로 토네이도가 다가올 때 창문을 열어두라고 충고하기도 했다. 하지만 실제로 이런 현상은 일어나기 어렵다. 요즘 지어진 건축물은 이 정도의 압력 차 때문에 붕괴되지 않을뿐더러 대부분의 창문은 토네이도가 다가오면서 자연적으로 부서져버리므로 이 방법은 큰 의미가 없다. 도리어 창문을 열기 위해 창문 근처에 다가가는 것은 유리 파편 등에 의해 큰 피해를 입기 쉬워 더 위험하다.

토네이도에 의한 인명 피해의 대부분은 100~400km/h의 무서운 소용돌이 바람과 그 속에서 같이 날아다니는 파편들 때문이다. 엄청난 풍속과 내부의 낮은 기압은 가벼운 물건은 물론 상당한 무게의 자동차까지도 휘감아 들어 올린다. 1925년 일어났던 토네이도는 큰 판자를 나무줄기에 박히게 만들었는데 그 판자 끝에 사람 하나 매달려도 끄떡없을 만큼 튼튼하게 박혀 있었다고 한다. 토네이도 속에서 파편들은 크든 작든 간에 엄청난 속도로 날아다니므로 사람에게 치명적인 부상을 입힐 수 있다. 1947년 텍사스에서는 두 사람이 토네이도에 의해 60m 높이까지 올라갔으나 상처 하나 입지 않고 지상으로 내려왔다고 한다. 하지만 이런 일은 기적이라고밖에 볼 수 없으며 자신에게도 그런 행운이 올 것이라고 생각해서는 절대로 안 된다.

미국에서는 토네이도가 발생할 경우 사람들에게 권고된 규칙에 따라 대피하도록 권장하고 있다. 우리나라에서는 토네이도가 거의 발생하지 않으므로 크게 신경 쓰지 않아도 되겠지만, 만약 봄철과 여름철에 미국 중부로 여행을 갈 일이 있다면 한 번쯤 기억해 두는 것도 좋을 것이다.

토네이도가 발생하면 가급적 튼튼한 벽을 가진 집 안의 지하실로 대피하는 것이 가장 좋다. 지하실이 없다면 가장 낮은 층의 가운데로 가서 매트리스나 이불 등으로 몸을 덮고 숙이고 있는 것이 좋다. 이동식 주택은 토네이도에 의해 날아갈 수 있으므로 지면에 고정되어 있는 튼튼한 건물로 대피하는 것이 좋으며, 대피할 만한 장소가 마땅하지

▲ 대피요령

토네이도가 발생하면 가급적 집 안의 낮은 지하실로 대피하여 머리를 보호할 수 있도록 탁자 밑에 웅크리고 숨거나 이불 등으로 몸을 덮고 숙이는 것이 좋다.

않다면 인근의 낮은 지대로 대피해야 한다. 무모하게 거대한 자연의 힘을 몸소 체험하려 하거나 기록을 남기려는 욕심에 섣부른 행동을 하는 것은 매우 위험한 일이라는 사실을 잊어서는 안 된다.

가장 무서운 토네이도를 찾아서

▲ **The Great Tri-State Tornado(1925)**
F5등급을 포함한 총 9개의 토네이도가 연속적으로 3개 주를 휩쓸며 엄청난 피해를 입혀 미국 역사상 최악의 토네이도로 기록되었다.

전 세계적으로 가장 많은 인명 피해를 주었던 토네이도는 1989년 방글라데시에서 발생한 토네이도로 약 1,300명이 희생되었다. 이렇게 인명 피해가 컸던 것은 주택이나 건물이 허술하여 토네이도에 속수무책이었고, 토네이도의 발생 가능성에 대한 경고나 예보가 전무했기 때문이다.

미국의 경우, 1925년에 미주리 주와 일리노이 주, 인디애나 주 이렇게 3개 주를 휩쓸고 지나갔던 토네이도(The Great Tri-State Tornado)에 의해 695명이 사망했다. 이 사망자 수는 317명이라는, 미국에서 두 번째로 많은 사망자를 낸 나체즈 토네이도보다 2배나 많은 수치다. 또한 연속적으로 9개의 토네이도가 릴레이 하듯 이어져 3개 주를 지나며 총 352km를 이동하여 세계에서 가장 긴 이동거리를 남긴 토네이도로도 기록되었다.

가장 많은 토네이도가 발생한 날은 1974년 4월 3일에서 4일 사이로, 미국의 총 13개 주와 캐

나다의 한 지방에서 총 149개가 발생했으며, 그 중 F5등급이 6개, F4등급이 24개였다. 관측된 토네이도의 바람 중 가장 빠른 것은 1999년 오클라호마 시에서 발생한 F5등급 토네이도로 도플러 레이더를 사용하여 측정한 결과 484 ± 32km/h로 측정되었다. 이 토네이도는 40명 이상 사망자가 생긴 가장 최근의 토네이도로 기록되었다.

2교시
지각 운동 탐사

천 재 지 변 탐 사 학 교

 관련단원

EARTHQUAKE

CHAPTER
04
지진

2004년 12월 동남아시아를 강타했던 쓰나미는 바닷속에서 일어난 지진에 의한 해일 피해였다. 불과 수십 초 동안에 수만 명의 인명 피해를 일으킬 수 있는 지진의 실체는 무엇일까? 땅속에서는 무슨 일이 일어나고 있는 것일까?

01 🌐 땅이 흔들려요

2007년 1월 20일 밤, 강원도 평창에서 발생한 리히터 규모 4.8의 진동은 온 나라를 떠들썩하게 만들고, 주말의 휴식을 취하고 있던 사람들을 불안에 떨게 했다. 기상청과 방송국에는 지진 관련 문의가 빗발쳤다. 당시 평창 주민들은 지하에 탱크가 지나가는 듯한 굉음과 함께 집이 심하게 흔들리는 것을 느꼈고, 책상이 덜커덩거리며 요동쳤다고 전했다. 아마도 많은 사람들이 지난 1978년 10월의 충남 홍성 지진(리히터 규모 5.0)을 떠올리며 우리나라도 지진의 안전지대가 아님을 다시금 실감했을 것이다.

우리는 가끔 한순간 지면의 진동으로 건물이 무너지고 수많은 사람들이 그 아래 매몰되었다는 뉴스를 접하곤 한다. 이와 같이 짧은 시간 동안 땅이 흔들리는 현상을 지진이라고 한다. 미 지질조사국USGS 자료에 의하면 매년 전 세계에는 지진계에 의해 감지되는 지진이 약 100만 번 가까이 일어나는데(1분에 두 번 꼴), 그 중 10만 번 정도가 우리

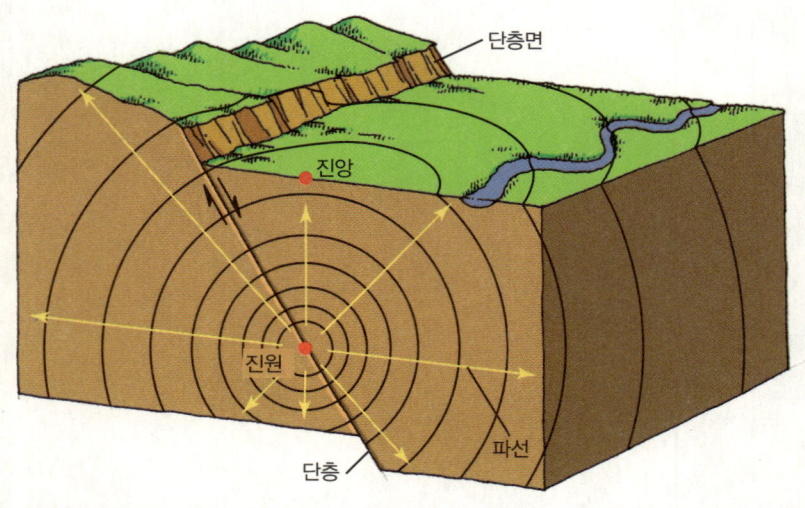

▲ 진원과 진앙

진원을 중심으로 지진 에너지가 사방으로 방출된다. 진앙은 진원으로부터 수직으로 올라온 지표면의 지점이다.

가 느낄 수 있는 것이고 약 100개 정도가 우리에게 상당한 피해를 준다고 한다. 이와 같이 지진은 매일 지구촌 어딘가에서 발생하고 있지만, 우리는 평소에 지진을 쉽게 체험할 수 없기 때문에 지진에 대한 뉴스가 나올 때마다 먼 나라의 얘기로 흘려듣기 쉽다.

지진이 발생할 때 진동이 생기는 것은 에너지가 방출된다는 뜻이다. 이때 지진 에너지가 방출되는 지구 내부의 지점을 진원이라고 하고, 진원으로부터 수직으로 올라온 지표면의 지점을 진앙이라고 한다. 지진이 일어나면 진앙지와 그 밑의 진원까지의 깊이를 계산해서 진원의 위치를 쉽게 파악할 수 있다.

옛날 사람들은 어떻게 생각했을까?

옛 사람들은 지진의 발생 원인을 대체로 동물과 연관시켜 보았다. 북아메리카에서는 거대한 거북이가 등에 지구를 짊어지고 쿵쿵 발을 구를 때, 인도에서는 땅을 받치고 있는 코끼리가 움직일 때, 일본에서는 깊은 바다에 사는 메기가 잠에서 깨어 꿈틀거릴 때 지진이 발생한다고 생각했다.

02 🌐 진동을 일으키는 주범, 지진파

지진이 발생하면 에너지가 진원으로부터 사방으로 퍼져나간다. 이때 에너지는 매질을 통하여 파동의 형태로 전달되며 이를 지진파라고 한다. 따라서 지진파는 진앙으로부터 멀리 떨어진 곳에서도 관찰할 수 있다.

이러한 지진파는 크게 실체파와 표면파로 분류할 수 있는데, 우리가 흔히 P파Primary wave, S파Secondary wave라고 하는 것은 실체파로서 지구 내부 전 지역을 통과할 수 있는 파동이다. 표면파는 지표면을 따라서 전달되는 파동으로 L파Long wave가 해당된다. 지진이 일어나 진동을 느낄 때, 보통 처음에는 작게 흔들리고 그 다음에 크게 흔들린다. 이때 최초의 진동을 일으키는 것이 P파이고, 큰 진동을 일으키는 것이 S파다. 이처럼 P

파는 용어 그대로 지진이 발생했을 때 첫 번째로 도착하는 파동이며, 지진파의 진행 방향과 매질의 진동 방향이 일치하기 때문에 종파라고도 한다. S파는 지진이 발생하면 두 번째로 도착하는 파동으로 지진파의 진행 방향과 매질의 진동 방향이 서로 수직이기 때문에 횡파라고 한다. P파가 고체, 액체 모두를 통과할 수 있기 때문에 지구 내부 어느 곳이든 전달될 수 있는 반면에 S파는 고체만 통과할 수 있어서 액체로 추정되는 지구 내부의 외핵은 통과하지 못한다.

표면파인 L파는 P파나 S파보다 전달 속도가 느려 가장 나중에 도착하며, 진폭도 가장 커서 제일 큰 피해를 입힌다. L파는 러브파Love wave와 레일리파Rayleigh wave 두 가지로 나눌 수 있는데, 러브파는 레일리파보다 빠르며, 지진파의 진행 방향에 대해 매질이 수평면 내에서 좌우로 진동하여 건물에 큰 피해를 입힌다. 레일리파는 지진파의 진행 방향에 대해 매질이 아래위로 출렁이는 타원 운동을 한다. 세계 곳곳에는 연속적인 지진파를 기록하는 장치인 지진계가 설치되어 있어 지진을 감시하고 있다.

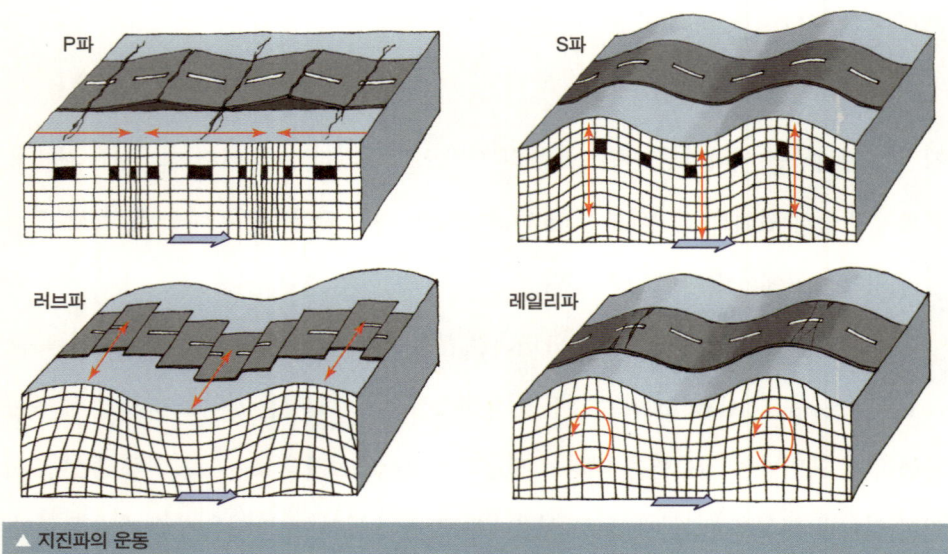

▲ 지진파의 운동

실체파인 P파, S파와 표면파인 러브파와 레일리파는 파의 진행 방향에 대해 각각 특징적인 매질의 운동 모습을 보인다.

03 🌐 규모와 진도, 더 이상 헤매지 말자

때때로 전해지는 지진 관련 뉴스만 보더라도 지진으로 인한 충격이나 피해 정도는 각기 다른 것을 알 수 있다. 이처럼 지진의 크기를 나타내기 위해 쓰는 용어가 '규모'와 '진도'다. 규모란 지진의 크기를 지진이 일어난 지점에서 순간적으로 발생되는 충격 에너지로 나타낸 절대적인 개념이다. 오늘날에는 이를 수학공식으로 제안한 미국의 지진학자 리히터의 이름을 넣은 리히터 규모가 사용되고 있다. 에너지와 리히터 규모의 관계식에 의하면 리히터 규모가 1이 늘어날수록 방출되는 에너지는 약 30배 정도 커진다.

지진의 진도란 지표에서 지진에 의해 사람이나 건물이 받는 영향의 정도를 나타내는 상대적인 개념이다. 같은 규모의 지진이라도 지진이 발생한 곳으로부터 거리가 멀어짐에 따라 진도는 작아진다. 우리나라에서는 현재 세계 학계에서 기준으로 채택한 수정 메르칼리 진도(12등급)를 사용하고 있다. 보통 규모가 작은 지진은 사람이 느끼는 정도에, 규모가 큰 지진은 건물의 피해 정도에 근거를 두어 지진의 진도를 결정한다.

지구 전체에서 발생하는 지진의 규모, 빈도, 진도, 피해 상황			
리히터 규모	연간 발생 횟수	수정 메르칼리 진도	피해 상황
3.4 이하	800,000	I	지진계에만 기록이 된다
3.5~4.2	30,000	II와 III	일부 실내에 있는 사람에게 감지된다
4.3~4.8	4,800	IV	많은 사람들이 진동을 느끼며, 창문이 흔들린다
4.9~5.4	1,400	V	모두가 진동을 느끼며, 접시가 깨지고 문이 흔들린다
5.5~6.1	500	VI과 VII	경미한 건물의 피해: 벽에 금이 간다
6.2~6.9	100	VIII과 IX	상당한 건물의 피해: 굴뚝이 무너진다
7.0~7.3	15	X	심한 건물의 피해: 교량이 뒤틀리고 벽이 파쇄된다
7.4~7.9	4	XI	대규모 피해: 대규모의 건물이 붕괴된다
8.0 이상	1	XII	완전 파괴: 지표면상에서 파동이 보이며 물체가 공중으로 날아간다

〈출처: 브라이언 스키너 외, 『생동하는 지구』, 시그마프레스〉

올바른 표기법

지진의 '규모'를 표기할 때는 '리히터 규모 4.3의 지진' 또는 '규모 4.3의 지진'처럼 소수점 첫째 자리의 아라비아 숫자로 나타낸다.
지진의 '진도'는 '진도 V'처럼 정수 단위의 로마 숫자로 표기하며, '강도'라는 용어는 적절한 표현이 아니다.

04 🌐 지진이 만드는 재해들

막대한 피해를 입히는 지진이라 해도 진동 시간은 우리가 생각하는 것보다 훨씬 짧아서 보통 30초 이내이며 길어야 2분을 넘기지 않는다. 2007년 8월에 발생한 남아메리카 페루 지진(리히터 규모 8.0)의 경우도 진동 시간이 40초 정도였는데, 519명이 사망하고 1,090명의 부상자가 생겼으며, 3만 5,500동의 건물이 붕괴했다. 또한 산사태가 일어났고, 땅이 갈라져서 고속도로가 심하게 파손되기도 했다. 이처럼 짧은 순간 일어나는 진동*으로 수많은 인명과 재산 피해를 가져오는 지진은 몇 가지의 피해 형태를 보여준다.

첫째, 우리가 '지진' 하면 보통 떠올리게 되는 경우로 지진의 진동에 의해 건물이나 고속도로 등 구조물이 파괴되는 피해다. 이는 지진에 의해 방출된 에너지가 지표면을 따라 이동하면서 지면을 상하, 좌우로 복잡하게 진동시키기 때문에 일어난다.

둘째, 화재에 의해 생기는 피해다. 흔히 지진으로 인해 발생하는 피해를 진동에 의해 구조물이 파괴되는 경우만 생각하기 쉬운데, 그에 못지않게 심각한 것이 화재에 의한 피해다. 1906년 샌프란시스코에서 발생한 지진으로 벽돌로 지은 수많은 건물들이 진

짧은 진동 지구에서는 지진이 발생할 때 진동이 전해지는 암석 사이에 진동을 흡수할 물이 있기 때문에 진동이 짧은 시간 일어나고 금방 그친다. 하지만 물이 없는 달의 경우에는 지진의 진동 시간이 지구보다 더 길어서 보통 10분 이상 지속된다.

동에 의해 심한 피해를 입었지만 가장 큰 피해는 가스와 전기선이 절단되면서 발생한 화재 때문에 일어났다. 또한 1923년 일본에서 발생한 지진으로 250건의 화재가 발생했으며, 때마침 강풍이 불어닥쳐 번진 화재로 10만 명 이상이 사망하기도 했다.

셋째, 경사가 심한 지역에서는 지진의 진동에 의해 표면의 흙이 미끄러지거나 절벽이 붕괴될 수 있다. 1970년 5월 페루에서는 규모 7.8의 지진이 일어나 산사태가 발생하여 마을 사람들이 산 채로 파묻혔으며, 모두 6만여 명이 목숨을 잃었다.

넷째, 지반 액상화 현상에 의한 피해다.

▲ 진동에 의한 피해
1964년 리히터 규모 8.4의 알래스카 지진의 진동으로 앵커리지의 건물이 파괴되었다.

평상시 토양은 흙입자들이 서로 단단하게 연결되어 있는데 땅이 흔들리면 흙입자 사이의 연결이 끊어지면서 단단했던 토양이 물처럼 쉽게 변형되는 성질이 생긴다. 이러한 것을 지반 액상화 현상이라고 한다. 지반 액상화 현상은 모래입자 사이에 지하수가 침투해 있는 토양에서 잘 발생하며, 지반이 약해져 쉽게 건물을 붕괴시킬 수 있다. 실제로 미국 앵커리지의 대부분 지역을 파괴시킨 1964년의 알래스카 지진의 주요 피해 원인이 바로 지반 액상화 현상이었다.

다섯째, 해저 지진에 의하여 발생한 '쓰나미tsunami'*라고 불리는 해일에 의한 피해다. 보통 폭풍 해일은 수면 위에서의 움직임

쓰나미 일본어인 쓰나미는 항구나 만에서 관찰되는 큰 파도를 의미한다. 쓰나미의 '쓰'는 항구, '나미'는 파도를 의미하며, 현재는 지진 해일을 뜻하는 국제적 공용어로 쓰이고 있다.

얼마나 많은 사람들이 목숨을 잃었을까?

지금까지 지진 재해로 목숨을 잃은 사람들은 엄청나게 많으며, 그 중 가장 심한 인명 피해를 일으킨 지진은 1556년 중국의 샨시성에서 발생한 지진으로 83만 명이 사망한 것으로 추정된다. 쓰나미 역시 많은 인명 피해를 냈다. 특히 지난 2004년 12월 인도네시아 수마트라에서 발생한 쓰나미는 역사상 최악의 피해를 남겼다.

1998년부터 2007년까지 피해가 컸던 지진(미 지질조사국)			
발생 일시	규모	사망자(명)	발생지역
1998.5.30	6.6	4,000	아프가니스탄과 타지키스탄 경계지역
1999.8.17	7.6	17,118	터키
1999.9.20	7.7	2,297	타이완
2001.1.26	7.7	20,023	인도
2002.3.25	6.1	1,000	아프가니스탄
2003.12.26	6.6	31,000	이란 남동부
2005.3.28	8.7	1,313	인도네시아 수마트라 북부
2005.10.8	7.6	80,361	파키스탄
2006.5.26	6.3	5,749	인도네시아 자바
2007.8.15	8.0	519	페루

1998년부터 2007년까지 지진의 규모가 7 이상이며 피해가 컸던 쓰나미(미 해양대기국)				
발생 일시	규모	최대 파도 높이(m)	사망자(명)	발생지역
1998.7.17	7.0	15.0	2,183	파푸아 뉴기니
1999.8.17	7.6	2.5	150	터키
2001.6.23	8.4	7.0	26	페루
2004.12.26	9.0	34.9	283,100	인도네시아 수마트라 해안
2006.7.17	7.7	10.0	664	인도네시아 자바
2007.4.1	8.1	10.0	52	솔로몬 군도

88 2교시 | 지각 운동 탐사

이지만, 쓰나미는 수백km에 이르는 물 전체의 움직임이어서 그 속에 포함된 에너지양이 클 뿐만 아니라 영향을 미치는 지역도 광범위하다. 쓰나미는 해저에서의 지진 말고도 산사태, 화산 폭발, 운석 충돌 등에 의해서도 생길 수 있다. 28만여 명의 희생자를 낸 2004년 12월 26일의 인도네시아 수마트라 부근에서의 쓰나미는 해저 지진에 의해 발생한 경우였다.

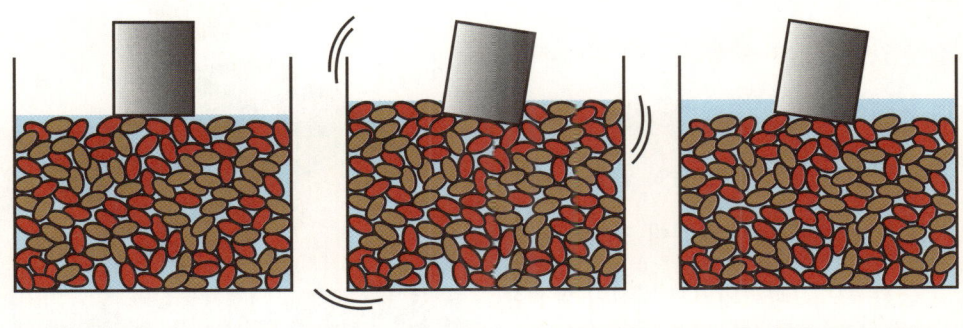

▲ 지반 액상화 현상

모래입자 사이에 지하수가 침투해 있는 토양에서는 지반 액상화 현상에 의해 건물이 쉽게 붕괴된다.

05 ⊕ 단층 운동에 의한 지진

이처럼 수많은 인명과 재산 피해를 가져오는 지진은 어떻게 일어나는 것일까? 얇은 자를 무릎 위에 올려놓고 양쪽 끝에 힘을 가해보자. 자가 휘어지다가 힘을 가하지 않으면 다시 원래의 상태로 되돌아온다. 그런데 어느 한계 이상으로 힘을 가하면 자는 한순간에 딱 소리를 내며 부러져버린다. 암석에도 이와 같은 탄성*이 있어서, 암석에 힘이 가해지면 서서히 변형이 생기며 탄성 에너지가 축적된다. 그리고 이 변형을 더 이상 지탱하지 못할 정도가 되면 암석의 가장 약한 부분인 단층면을 따라 단층 양면에 있는 지각

탄성 외부로부터 힘을 받아 모양이 변한 물체가 그 힘이 없어지면 다시 본래의 모양으로 되돌아가려는 성질.

의 암석이 서로 다른 방향으로 미끄러지고, 이때의 충격이 지진파의 형태로 방출되는 것이다.

실제로 1906년 샌프란시스코 대지진이 일어난 후에 캘리포니아의 샌안드레아스 단층*을 정밀측정해보니, 단층을 가로질러 있던 돌담이 단층 운동에 의해 지진이 일어나기 전보다 약 7m가 어긋나 있음이 확인되었다. 이와 같이 단층에 가해지는 힘에 대해 어느 부분이 견디지 못하고 순간적으로 파괴되면서 지진이 발생한다고 설명하는 이론이 '탄성반발설'이다. 하지만 발생하는 모든 지진을 단층 운동으로만 설명하기는 어려우며, 단층을 움직인 힘에 대한 설명이 필요하다. 이를 보충하는 이론이 판 구조론이다.

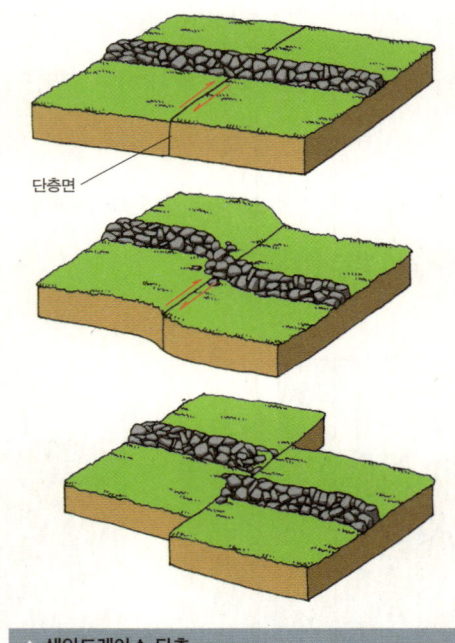

단층면

▲ 샌안드레아스 단층

단층면에 서로 어긋나는 방향으로 힘이 가해져 휘어지다 어느 순간 지층이 끊어지면서 지진이 발생한다.

06 🌐 판 운동에 의한 지진

지진파는 밀도가 다른 물질을 통과할 때 속도가 변한다. 지구 내부를 통과하는 지진파가 갑작스럽게 속도가 변하는 것을 보면 지구 내부는 밀도 차이가 큰 층으로 구성되었다는 사실을 알 수 있다. 지진파 연구 결과, 지구는 지각, 맨틀, 외핵, 내핵의 층상 구조로 이루어져 있음을 알게 되었다. 지구 표면을 다시 나눠보면, 지각과 상부 맨틀의 일부

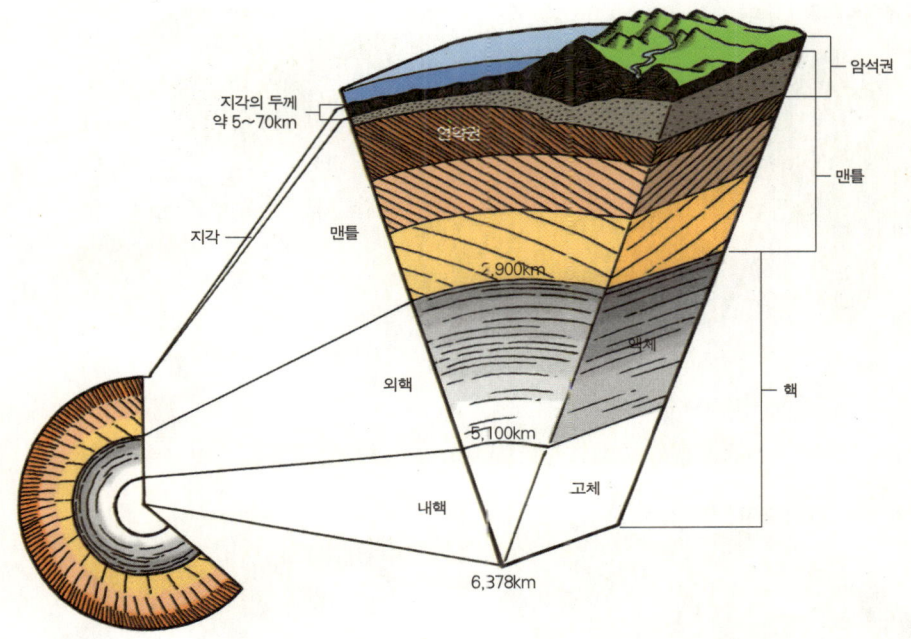

지각의 두께
약 5~70km

암석권

연약권

지각

맨틀

맨틀

2,900km

맨체

외핵

5,100km

핵

내핵

고체

6,378km

▲ 지구 내부의 구조

지진파의 특성을 연구해 지구 내부가 지각, 맨틀, 외핵, 내핵으로 이루어져 있음을 확인할 수 있었다.

는 단단한 암석으로 이루어진 암석권으로 그 두께는 100km 정도 된다. 그리고 지하 100km에서 400km까지에는 지구 내부의 온도가 맨틀의 암석을 부분적으로 녹여 물러진 상태인 연약권이 있다. 이 연약권에서는 맨틀 상부와 하부의 온도 차에 의한 대류 현상이 느리게 나타난다.

　　100km 정도의 두께를 갖는 암석권은 연약권 위에 떠다니고 있다. 암석권은 판plate 이라고도 하는데, 지구 표면은 이러한 몇 개의 크고 작은 판으로 이루어져 있다. 이처럼 연약권을 떠다니던 판들의 상호작용에 의해 지진이나 화산과 같은 지각 변동이 일어

샌안드레아스 단층 길이가 1,200km로 지구에서 가장 긴 단층 중 하나다. 또한 지각 깊은 곳까지 연장되어 있는 수직 단층으로 태평양 판과 북아메리카 판의 경계에 있다. 이 단층면을 경계로 두 판이 서로 반대 방향으로 이동하기 때문에 지진이 발생한다. 이 단층은 육지에서 볼 수 있는 변환 단층으로, 남쪽으로 동태평양 해령과 연결되어 있다.

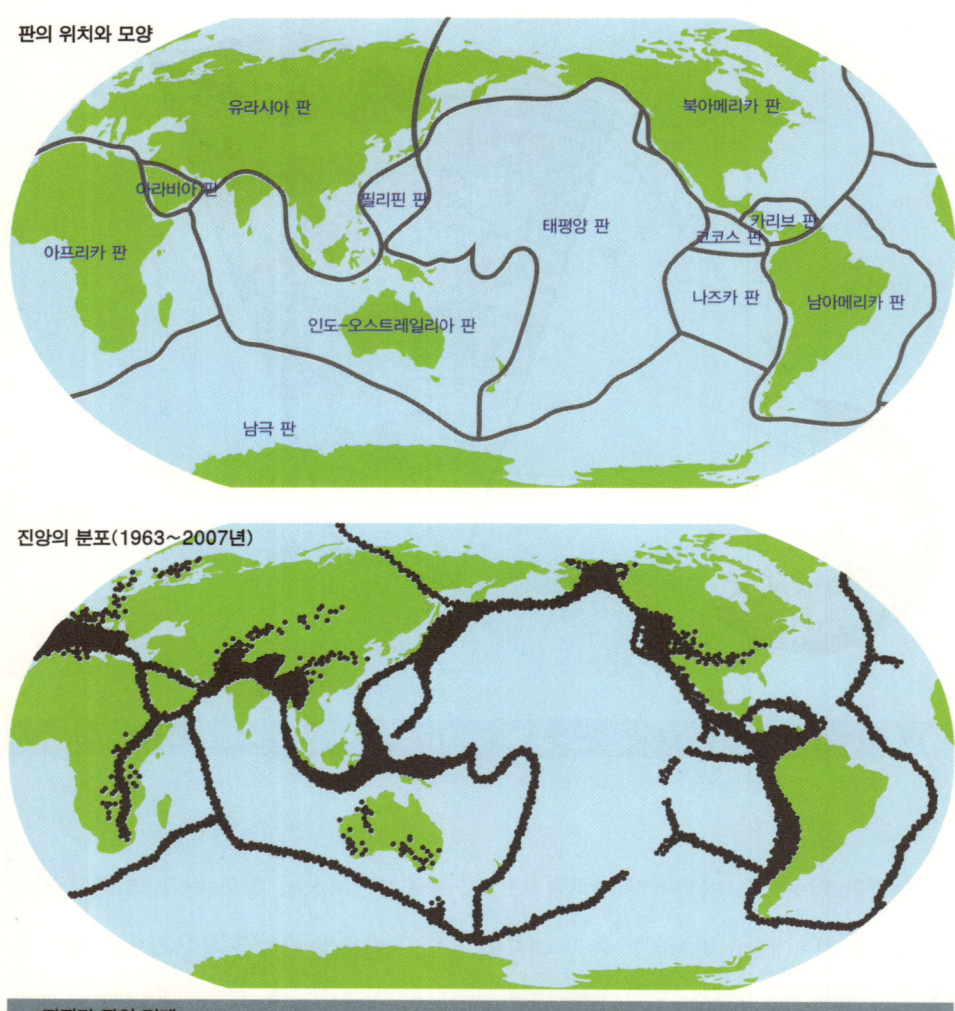

판의 위치와 모양

유라시아 판

북아메리카 판

아라비아 판

필리핀 판

태평양 판

카리브 판

코코스 판

아프리카 판

나즈카 판

남아메리카 판

인도-오스트레일리아 판

남극 판

진앙의 분포(1963~2007년)

▲ **지진과 판의 경계**

지진의 세계적인 분포를 보면 주로 판의 경계부에서 발생하는데, 이는 대부분의 지진이 판의 상호작용에 의해 발생하는 것임을 보여준다.

난다고 설명하는 이론을 판 구조론이라고 한다. 판 구조론에 의하면 판들은 움직이는 방향이 제각기 다르고, 연간 수mm부터 수cm까지 이동하는 속도도 다르다. 판들이 이동하면서 판의 경계에서 서로 멀어지기도 하고 충돌하거나 어긋나기도 하면서 지진이 일어난다.

1963년부터 2007년까지 전 세계에서 발생한 지진의 진앙 분포도를 보면 지진이 자주 일어나는 몇 개의 뚜렷한 지진대가 있음을 알 수 있다. 그 중 아메리카 대륙의 서부 산맥을 따라 알래스카, 일본, 필리핀, 뉴기니를 지나 멀리 남쪽으로 뉴질랜드까지 하나의 원형 고리를 형성하고 있는 환태평양 지진대에서는 전 세계 지진의 80%가 발생하고 있다. 그리고 지중해-히말라야 지진대는 전체 지진의 15%를 차지하며, 또 해령을 따라 소규모의 지진대들이 있다.

07 🌐 지진의 종류

지진이라고 해서 다 같은 지진은 아니다. 지진은 진원의 깊이 및 발생 장소, 발생 원인에 따라 다양하게 분류할 수 있다. 보통 진원의 깊이에 따라 천발 지진(0~100km)과 심발 지진(100km 이상)으로 분류하거나 천발 지진(0~70km), 중발 지진(70~300km), 심발 지진(300km 이상)으로 구분한다. 세계 곳곳에서 일어나는 대부분의 지진은 천발 지진으로, 우리나라 주변에서 일어나는 지진도 대부분 진원의 깊이가 10~15km인 곳에서 발생한다. 천발 지진은 지진에 의해 발생하는 총 에너지의 약 75%를 방출하며, 진원의 깊이가 얕아 지진 에너지가 바로 전달되기 때문에 더욱 파괴적이다. 이에 비해 심발 지진은 진원의 깊이가 깊어 지진파가 전달되는 동안 에너지가 감소하면서 파괴력이 떨어진다. 방출 에너지도 총 에너지의 3% 정도에 불과하다. 하지만 심발 지진은 지구 내부에서의 판의 형태를 추정하게 하여 지구 내부의 구조를 밝히는 데 중요한 정보를 제공한다.

또한 지진은 발생 장소가 어디인가에 따라 판 경계 지진과 판 내부 지진으로 나눌 수 있다. 판 경계 지진은 말 그대로 판의 경계에서 일어나는 지진이다. 판 경계 지진에는 세 가지 경우가 있다. 첫째, 두 판이 서로 한곳에서 만나는 수렴형 경계에서의 지진이 있다. 수렴형 경계는 크게 두 가지로 나눠지는데, 밀도가 큰 해양판이 대륙판 아래로 섭입하여 판이 소멸하는 경우가 첫번째로, 천발 지진, 중발 지진, 심발 지진이 모두 발생할 수 있다. 일본 열도 부근의 해구가 대표적이며 여기에서는 해양판인 태평양 판과 대륙판인 유라시아 판이 만난다. 또 다른 수렴형 경계는 대륙판과 대륙판이 만나는 경우

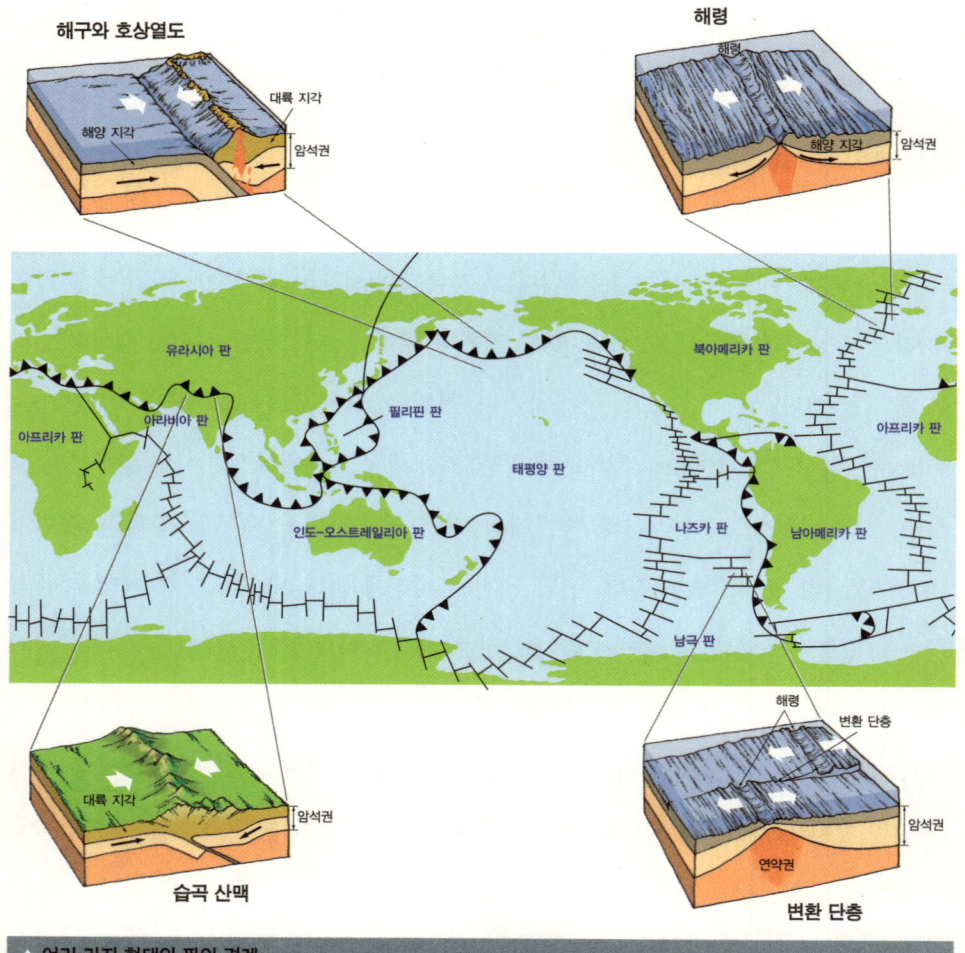

▲ 여러 가지 형태의 판의 경계

판 경계 지진은 판의 경계에 해당하는 수렴형 경계, 발산형 경계, 보존형 경계에서 발생하는 지진을 말한다.

로 밀도가 서로 비슷하기 때문에 어느 한쪽도 침강하지 않고 그대로 충돌하면서 습곡 산맥을 만든다. 이 과정에서 천발 지진과 중발 지진이 발생한다. 히말라야 산맥은 대륙 판인 인도-오스트레일리아 판과 유라시아 판이 만나서 만들어진 것이다.

둘째, 두 판이 서로 벌어지는 발산형 경계에서의 지진이다. 연약권에서 올라오는 맨틀 대류의 상승류는 해양판 또는 대륙판 위로 올라와 각각의 판을 둘로 분리한다. 이 과정에서 천발 지진이 발생한다. 대서양 중앙 해령이 해양판이 분리되는 경계이고, 동아프리카 열곡대는 대륙판이 갈라지는 경계다.

셋째, 두 판이 서로 만나지도 벌어지지도 않고 두 판의 경계를 따라 서로 어긋나 이동을 하는 보존형 경계에서의 지진이다. 보존형 경계는 단층의 모습을 하고 있는데 이를 변환 단층이라고 한다. 보존형 경계는 대부분 해령이 수직 방향으로 발달하는 변환 단층의 형태를 띠며, 미국 캘리포니아의 샌안드레이어스 단층처럼 거대한 단층이 육지에 노출되기도 한다. 변환 단층에서는 판의 수평 이동에 의해 천발 지진이 발생한다. 지구상에서 일어나는 지진의 90% 이상이 판 경계 지진에 해당하며, 약 30만 명의 희생자를 낸 2004년 12월 인도네시아 수마트라에서 발생한 지진도 이에 속한다.

그러나 지구상의 모든 지진이 판과 판의 경계에서만 일어나지는 않는다. 중국 대륙이나 미국 중부 지역과 같은 비교적 안정적인 판의 내부에서도 단층 운동에 의해 지진이 발생하기도 한다. 이것은 단층대가 판 내부 에너지를 발산할 수 있는 지점이 되기 때문이다. 이렇게 판 내부에서 발생하는 지진을 판 내부 지진이라고 하며 대륙성 지진이라고도 한다. 1976년 중국의 당산 지진과 같은 대륙성 지진은 인구가 밀집한 도시에서 발생하면 심각한 피해를 입힐 수 있다.

지진은 발생 원인에 따라 화산성 지진, 함몰 지진, 인공 지진 등으로 구분할 수도 있다. 지구 내부에 있던 고온의 마그마가 내부 압력이 증가할 때마다 지각의 균열을 따라 조금씩 이동하면서 지진을 일으키기도 하는데 이러한 지진을 화산성 지진이라고 한다.

이러한 화산성 지진의 특성을 이용하여 화산 폭발 가능성이 있는 화산 부근에 지진계를 설치해 마그마의 운동 상태 및 화산의 분화 가능성을 예측하기도 한다. 그리고 지하 동굴이나 광산의 붕괴로 지진이 발생하는 경우는 함몰 지진이라고 한다. 화산성 지진이나 함몰 지진은 자연발생적인 데 비해 화약이나 핵폭탄의 폭발에 의해서 인공 지진이 일어날 수도 있다.

08 ⊕ 지진을 예측할 수는 없을까?

앞에서 살펴본 것처럼 지진은 우리에게 엄청난 인명 피해와 재산 피해를 입히는 자연재해다. 현재 지진 재해로부터 피해를 최소화하기 위해 지진의 발생 시기, 위치 및 규모를 정확하게 예측하여 사전에 대비하려는 연구가 세계 곳곳에서 이루어지고 있다. 지진 발생에 대한 예측은 지진학자들의 중요한 목표이지만, 현재로서는 지진을 정확하게 예측하는 일이 불가능하다.

다만 지진이 발생하기 전에 나타나는 여러 가지 전조 현상들, 즉 지표가 기울어지거나 솟아오르는 것, 지진파 P파의 속도 변화, 활성 단층*대를 따라 대기 중으로 방출되는 라돈 가스, 소규모 지진의 발생 증가, 땅속 벌레들이 표면으로 기어나오고 평소에 조용히 지내던 곰이 소리를 지르는 것과 같은 동물들의 이상 행동 등이 임박한 지진을 미리 감지하는 데 도움을 주기도 한다. 실제로 1975년 중국 북동부에서 발생한 하이청 지진 (리히터 규모 7.3)의 경우는 이런 전조 현상들을 통해 큰 지진의 가능성을 경고함으로써 인명 피해를 막을 수 있었던 성공적인 지진 예보의 예다.

활성 단층 지질학적인 정의는 '신생대 제4기인 약 150만 년 전부터 지금까지 움직임이 있었고, 앞으로 다시 활동할 가능성이 있는 단층'이며, 우리나라에서 원자력발전소 부지를 선정할 때는 '3만 5,000년 사이에 한 번 이상 움직임이 있었거나, 10만 년 사이에 두 번 이상 움직임이 있었던 단층'의 의미로 사용한다.

하지만 이런 전조 현상도 지진 예보의 결정적인 단서로 보기에는 미흡한 부분이 있다. 따라서 임박한 지진에 대한 지진 예측의 신뢰도를 높이는 것이 앞으로 지진 연구의 중요한 목표가 될 것이다.

현재까지의 지진 연구에 의하면 지진이 빈번하게 일어나는 판 경계부에서는 과거에 일어났던 지진의 주기를 파악함으로써 큰 규모의 지진이 언제, 어느 곳에서 일어날지를 어느 정도 예측할 수 있다. 그 결과, 태평양 주변부에서 몇 개의 지진 발생 잠재지역이 존재하는 것으로 밝혀지기도 했다.

09 🌐 이렇게 대처하자

정확한 지진 예측이 아직까지는 불가능하기에 지진이 갑자기 발생했을 때 어떻게 해야 할지 미리 알고 있는 것이 중요하다.

첫째, 지진의 진동은 보통 1분 이내이므로 멀리 대피하려 하지 말고 있던 장소에서 안전한 위치를 찾는다. 탁자나 책상 아래로 몸을 피해 머리 부분을 보호하고 진동이 멈출 때까지 탁자나 책상을 꼭 잡고 있는다. 들째, 건물의 진동이 감지되었을 때 서둘러 밖으로 나가지 않는다. 자칫 깨진 유리창이나 간판들이 떨어질 수 있기 때문이다. 셋째, 가스를 사용하고 있을 때에는 밸브를 잠가서 화재를 예방한다. 넷째, 땅이 흔들리고 서 있지 못할 정도가 되더라도 문기둥이나 담에서는 떨어져 있는다. 왜냐하면 언뜻 보기에 튼튼해 보이는 이런 것들이 실제로는 매우 위험하기 때문이다. 다섯째, 높은 건물 안에 있을 때에는 창문을 피하고 엘리베이터를 이용하지 않는다. 여섯째, 운전 중일 때에는 고가도로나 다리의 위 혹은 아래에 정지하지 않는다. 그리고 차를 멈출 때에는 도로의 오른쪽에 세우되 브레이크를 걸어둔다.

쓰나미 대비책도 알아두자.

첫째, 해안가에 있는데 지면 진동이 크게 느껴지면 가까운 곳에서 큰 지진이 난 것이므로 즉시 높은 지대로 대피해야 한다. 큰 파도가 밀려올 수도 있기 때문이다. 둘째, 해안에서 멀리 떨어진 곳에서 발생한 쓰나미에 대해서는 기상청이 발표하는 해일 특보를 참고한다. 셋째, 갑자기 바닷물이 썰물처럼 밀려나가는 현상은 쓰나미가 해안가에 도달하기 전에 나타나는 현상이므로 즉시 높은 곳으로 피신한다. 넷째, 쓰나미가 발생했을 때 먼 바다에서 조업 중인 선박은 해일 경보가 해제될 때까지 항구 밖에서 대기한다. 왜냐하면 먼 바다에서는 파도의 높이가 높지 않지만 해안가에서는 점점 높아지기 때문에 해안가로 접근하는 것은 위험하다.

10 🌐 우리나라의 지진

우리나라도 과거에 지진이 자주 일어났을까? 일반적으로 지진계로 밝혀낸 지진을 계기 지진이라고 한다. 우리나라는 지진계를 이용하여 지진을 관측한 것이 1905년부터이므로 계기 지진 관측은 불과 100여 년 정도밖에 되지 않는다. 계기 지진 관측 이전에 발생한 지진을 역사 지진이라고 한다. 『삼국사기』, 『고려사』, 『조선왕조실록』 등의 문헌에서 역사 지진에 관한 내용을 확인할 수 있다. 『삼국사기』에는 779년 신라 혜공왕 때 경주 지역에 지진이 일어나 집들이 무너지고 죽은 자가 100여 명에 이르렀다는 기록이 있다. 또, 『조선왕조실록』에도 지진과 해일이 거의 동시에 발생한 기록이 있는데, 1668년 현종 때 평안도 철산에 바닷물이 크게 넘치고 지진이 일어나 지붕의 기와가 모두 기울어졌다고 한다. 그 밖에, 1966년에 석가탑 2층 탑신석 사리공에서 나온 「묵서지편墨書紙片」에서도 석가탑의 1차, 2차 중수를 하게 된 까닭이 연이어 덮친 지진이 원인임을

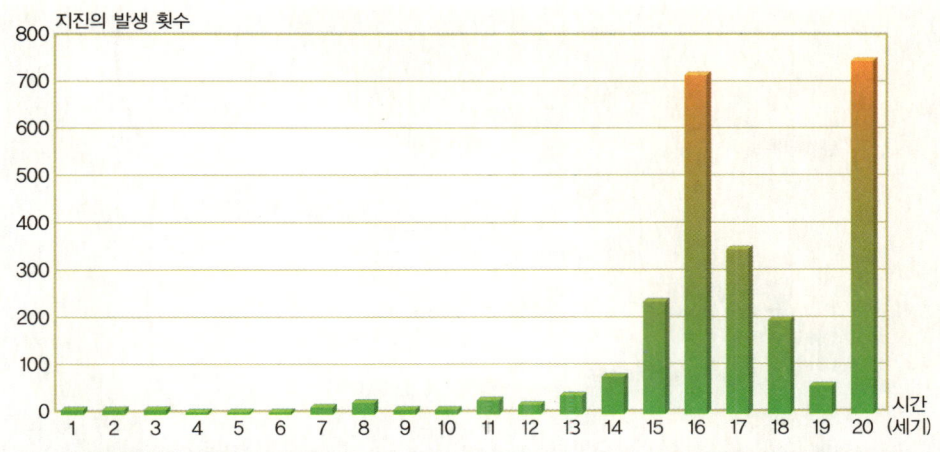

지진의 발생 횟수

▲ 1세기에서 20세기까지 한반도 지진 발생 횟수

(출처: 이기화, 「한반도의 지진」, 1997)

분명히 기록해놓고 있다.

　수시로 대지진이 일어나는 일본, 중국, 대만 등과 달리 한반도는 지진의 횟수와 규모가 작고 심각한 지진 피해도 거의 없었으므로 지진의 안전지대로 여겨져왔다. 그러나 1990년대 들어, 1995년 일본 한신 대지진(리히터 구모 7.2)과 1996년 중국 운남성 지진(리히터 규모 7.0)이 일어나고 얼마 지나지 않아 우리나라에서도 1996년 영월 지진(리히터 규모 4.5)과 1997년 경주 지진(리히터 규모 4 2)이 발생했다. 또한 2000년대 들어서도 2003년 백령도 지진(리히터 규모 5.0)과 홍도 지진(리히터 규모 4.9)이 발생했으며, 2005년 일본 후쿠오카 지진(리히터 규모 7.1) 이후 2년 뒤인 2007년에 평창 지진(리히터 규모 4.8)이 일어났다.

　이처럼 한반도 주변 국가에서 강진이 발생한 뒤에 우리나라에서 중규모 지진이 일어나는 것을 보면, 한반도에서의 지진이 주변 국가의 지진과 연관이 있을 것으로 추측된다. 이는 한반도가 일본 후쿠오카 지역이나 중국 동부 지역과 거리상으로 가깝고, 하부지각 구조도 밀접하게 연결되어 있음을 암시한다. 결국 한반도도 지진에 있어서 결코

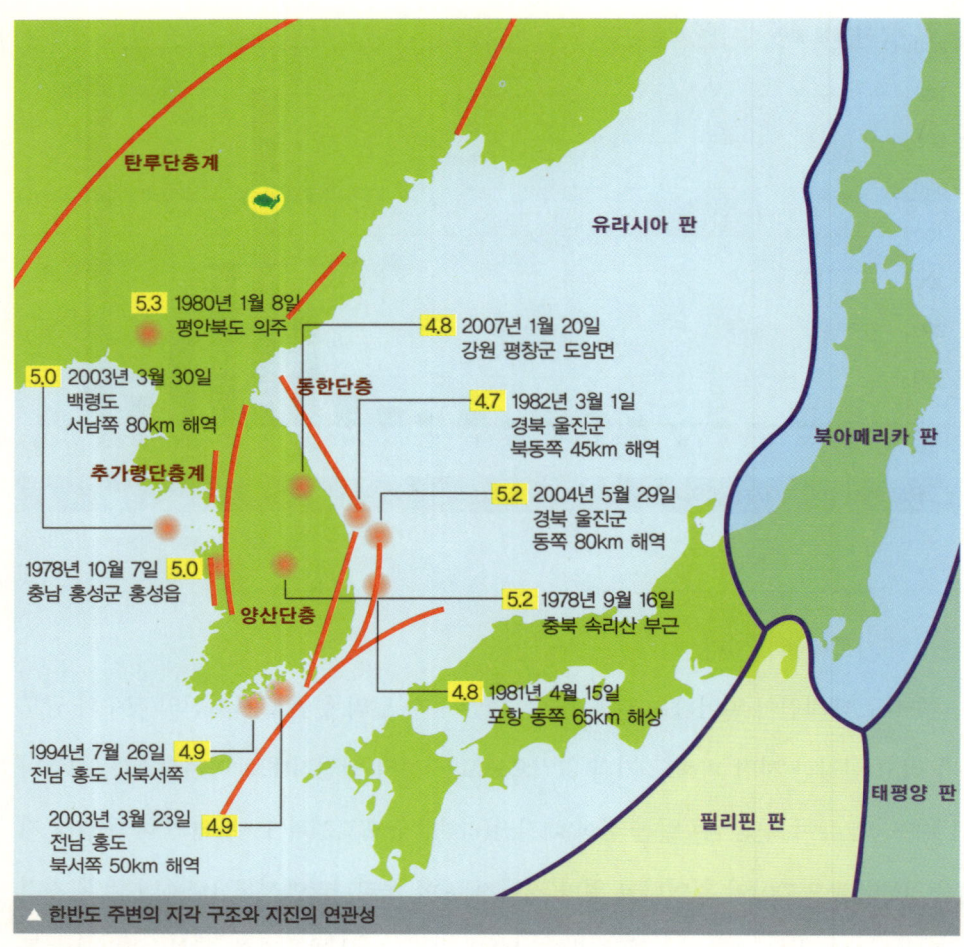

탄루단층계

유라시아 판

5.3 1980년 1월 8일
평안북도 의주

4.8 2007년 1월 20일
강원 평창군 도암면

5.0 2003년 3월 30일
백령도
서남쪽 80km 해역

동한단층

4.7 1982년 3월 1일
경북 울진군
북동쪽 45km 해역

북아메리카 판

추가령단층계

5.2 2004년 5월 29일
경북 울진군
동쪽 80km 해역

1978년 10월 7일 5.0
충남 홍성군 홍성읍

양산단층

5.2 1978년 9월 16일
충북 속리산 부근

4.8 1981년 4월 15일
포항 동쪽 65km 해상

태평양 판

1994년 7월 26일 4.9
전남 홍도 서북서쪽

필리핀 판

2003년 3월 23일 4.9
전남 홍도
북서쪽 50km 해역

▲ 한반도 주변의 지각 구조와 지진의 연관성

한반도에서의 지진은 판 내부 지진이며, 주변 국가에서의 지진과 연관성이 있을 것으로 보인다.

안전지대는 아닌 셈이다.

　한반도는 일본처럼 판의 경계에 있는 게 아닌데 왜 지진이 일어나는 걸까? 한반도 동쪽의 일본 열도는 대륙판인 서쪽의 유라시아 판과 북쪽의 북아메리카 판 그리고 해양판인 동쪽의 태평양 판과 남쪽의 필리핀 판 등 4개의 판이 만나는 위치에 놓여 있어 이 판들의 상호작용으로 지진이 발생한다. 반면에 한반도가 포함되어 있는 유라시아 판은 북상하고 있는 인도-오스트레일리아 판과 서쪽으로 이동하는 태평양 판의 미는 힘에 의해 영향을 받는다. 이러한 유라시아 판을 변형시키는 힘이 한반도 지각에까지 영향을 미쳐, 축적된 변형 에너지가 한반도의 약한 부분인 단층대를 따라서 지진을 일으키는 것이다. 결국 한반도의 지진은 판 내부 지진이어서 지진의 발생 횟수가 적고, 발생 위치도 여러 곳으로 나누어지는 특징이 있다.

쓰나미가 온다!

2004년 12월 26일 인도네시아 수마트라 부근에서 발생한 지진은 한반도 크기의 2배나 되는 수마트라 섬을 남서쪽으로 36m나 이동시킬 정도로 강력한 쓰나미를 발생시켰다. 28만여 명의 희생자가 난 대참사였다. 미 지질조사국에 의하면 이 쓰나미는 인도-오스트레일리아 판과 유라시아 판의 충돌에 의해 발생했다고 한다.

판과 판의 경계지역에서 인도-오스트레일리아 판이 유라시아 판 밑으로 침강할 때, 함께 끌려 내려가던 유라시아 판이 어느 지점에서 더 이상 내려가지 않고 갑자기 원래 위치로 되돌아가면서 단층 운동이 일어나 그 충격으로 리히

▲ 쓰나미 전과 후
2003년 6월 23일 인도네시아 반다아체 북부 해안 모습과 쓰나미가 지나간 후인 2004년 12월 26일의 모습.

터 규모 9.0의 강진이 발생한 것이다. 그 영향으로 위에 있던 바닷물을 강하게 들어 올려 엄청난 쓰나미가 발생했다.

이때 쓰나미의 큰 파도는 항공기 속력과 비슷한 700km/h의 속력으로 이동했다. 그리고 점점 속력*과 형태가 달라지면서 인도, 아프리카 방향과 태국, 인도네시아 방향으로 빠른 속도로 전파되어 해안가에 엄청난 피해를 가져왔다.

그렇다면 쓰나미가 해안가에 이처럼 큰 피해를 주는 이유는 무엇일까? 그것은 평상시의 파도와 쓰나미의 파도가 다르기 때문이다. 보통 파도는 파도의 높이가 낮고 해안에 닿기 전에 대부분의 에너지를 잃어버린다. 반면에 쓰나미의 파도는 파도의 높이가 높고 해안에 다가와도 에너지를 잃지 않는다. 그리고 해안가에 먼저 도달한 쓰

쓰나미의 속력 쓰나미의 속력을 V, 중력가속도를 g, 수심을 h라고 할 때, 쓰나미의 속력 $V = \sqrt{gh}$ 이다. 중력가속도 g값은 일정하므로 쓰나미의 속력은 수심에 비례한다.

나미의 파도는 바닥과의 마찰로 인해 진행하는 속력이 점점 느려지게 되고, 연속적으로 뒤따르는 파도와의 간격이 좁아지면서 파도는 높아진다. 이번 쓰나미의 경우에는 최대 30m 높이의 파도가 해안가를 덮쳤다고 하니 바닷물이 하늘을 가렸다는 목격자들의 증언이 지나친 말은 아닌 듯 싶다.

쓰나미는 태평양, 인도양, 지중해, 카리브 해 등에서 많이 일어난다. 그 중에서 약 80%가 태평양 지역에서 발생하는데, 다행히 우리나라는 일본이 방파제 역할을 해주기 때문에 큰 염려는 없는 편이다. 하지만 우리나라도 쓰나미의 안전지대는 아니다. 동해 해저나 일본 서안의 해저 단층대에서 지진이 일어나 쓰나미가 발생할 수 있기 때문이다. 실제로 지난 1983

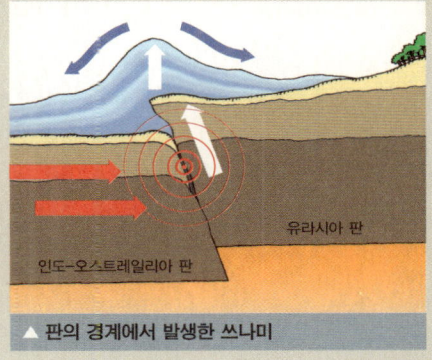

▲ 판의 경계에서 발생한 쓰나미

인도네시아 수마트라 부근에서 발생한 쓰나미는 인도-오스트레일리아 판이 유라시아 판 밑으로 침강하는 과정에서 생긴 단층 운동에 의해 발생했다.

년 동해에 쓰나미가 발생하여 많은 피해를 준 바 있다. 다행히 1993년에는 기상청의 쓰나미 특보로 피해를 줄일 수 있었다. 이처럼 신속한 쓰나미 경보는 인명 및 재산 피해를 상당히 줄일 수 있다. 2004년 인도네시아 수마트라 부근에서 발생한 쓰나미도 인도양의 쓰나미 경보 시스템이 없었기 때문에 많은 피해를 불러왔다. 만약 경보 시스템만 잘 갖춰졌어도 진앙에서 멀리 떨어진 나라들은 훨씬 피해를 줄일 수 있었을 것이다.

VOLCANO

CHAPTER 05

화산

세계문화유산으로 지정된 이탈리아의 폼페이는 약 2,000년 전에 번성했던 옛 도시다. 그런 폼페이를 역사의 뒤안길로 묻어버린 베수비우스 화산은 인류 역사에 가장 강력한 인상을 남긴 화산으로 알려져 있다. 도시 하나를 집어삼킬 정도로 엄청난 파괴력을 가진 화산은 우리에게 어떤 이야기를 전해줄까?

01 🌐 시원하게 속을 드러내는 화산

지구의 땅속에서 암석이 녹아 생성된 물질이 마그마다. 마그마가 지각을 뚫고 나오는 현상을 화산 활동이라고 하며, 화산 활동으로 나온 용암이나 화산재가 쌓여 형성된 볼록한 지형을 화산이라고 한다.

가끔 텔레비전에는 빨간 용암이 땅속에서 솟구쳐 올라오거나 빠르게 흘러내려가는 모습, 또 시꺼먼 먼지와 화산 가스가 솟아나와 거대한 먼지 기둥이 만들어지는 화산 폭발 모습이 나온다. 사람들이 정신없이 도망을 가거나 용암이나 화산 쇄설물에 매몰된 자동차나 건물에 갇혀 있는 사람들도 보인다. 이런 모습을 보면 지구가 살아 움직이고 있고 땅속에서 뭔가 대단한 일이 일어나고 있는 것이 아닐까 하는 생각이 든다. 과학자들의 조사에 의하면 지구에는 살아 있는 화산이 600여 개 정도 되는데, 그 중 매년 활동하는 화산이 50여 개에 이른다. 역사적으로 활동한 기록이 있는 화산만 해도 1,500개가 넘고, 오래전에 형성된 화산은 헤아릴 수 없을 만큼 많다.

화산은 세계 곳곳에 분포하고 있고 언제 폭발할지 알 수 없기 때문에 그로 인한 피해가 매우 많다. 화산 활동에 의해 발생한 인명과 재산 피해를 화산 재해라고 하는데, 지난 500년 동안 화산 활동으로 목숨을 잃은 사람만 해도 약 20만 명이나 된다고 하니 화산이 주는 피해는 심각하다. 20세기에 들어와 매년 평균 840여 명이 화산 재해로 목숨을 잃었는데, 과거에 비해 인명 피해가 커졌다. 왜 화산 재해에 의한 사망자가 더 늘었을까? 과거에 비해 화산 폭발이 많아졌기 때문일까? 20세기 들어와 화산에 의한 피해가 늘어난 것은 활동하는 화산 주변에 거주하는 사람들이 많아졌기 때문이다.

화산 피해가 많은데도 사람들은 왜 화산체를 떠나지 않고 그 주변에서 머물고 있을까? 일반적으로 화산은 우리에게 피해만 주는 것처럼 보이지만 그렇지는 않다. 화산은 토양을 비옥하게 하고, 유용한 광물과 지열을 공급하고, 멋진 경치를 볼 수 있게 해준다. 화산 폭발의 위험이 크기는 하지만 화산이 주는 혜택 때문에 사람들은 화산을 떠나지 못하고 그 주변에서 살고 있는 것이다. 오늘날 화산은 매우 유용한 관광 자원 중 하나이며, 유명한 화산이 있는 여행지에는 화산을 보기 위해 찾아오는 관광객들로 넘친다. 화산은 도대체 어디에서 분출하고, 어떻게 폭발하는 것일까? 화산에 대해 자세히 알고 나면 화산 재해를 줄일 수 있는 것일까?

02 🌐 화산의 종류

화산은 모양에 따라 순상화산, 성층화산, 분석구, 용암 돔(또는 종상화산)으로 분류한다. 화산체의 경사가 완만하고 넓게 펼쳐진 모양을 하고, 점성이 작은 현무암으로 구성된 화산을 순상화산이라고 한다. 화산 모양이 방패를 엎어 놓은 것과 같이 생겼다고 해서 붙여진 이름이다. 대표적인 순상화산에는 하와이에 있는 마우나 로아와 마우나 케아 화산이 있다. 제주도의 한라산도 순상화산이다. 순상화산은 격렬한 폭발 현상 없이 천천

▲ 순상화산과 성층화산
멀리 구릉처럼 보이는 산이 대표적인 순상화산인 하와이 마우나 케아 화산(왼쪽)이다. 필리핀 마욘 화산(오른쪽)은 전형적인 성층화산의 모습을 보여준다.

히 분출하기 때문에 인명 피해가 나는 경우가 드물지만, 계속해서 용암이 흘러나와 넓은 지역이 생성된다.

성층화산은 경사가 급하고 용암과 화산 쇄설물이 번갈아 쌓여 원뿔 모양으로 만들어진 화산이다. 복합화산이라고도 한다. 태평양 주변의 '불의 고리'를 이루고 있는 대부분의 화산체가 성층화산이다. 유명한 화산으로는 일본의 후지산, 필리핀의 마욘 화산, 미국의 세인트헬렌스 화산 등이 있다. 성층화산은 뜨거운 화산 가스와 화산 쇄설물이 격렬하게 분출하여 빠르게 이동하거나 화산의 정상부에서 물과 화산 쇄설물이 섞인 쇄설류가 급하게 흘러내려 큰 피해가 나는 경우가 많다. 화산 피해의 대부분은 성층화산의 폭발로 일어난다.

분석구는 비교적 작은 화산체다. 분석구는 높이가 250m, 반지름이 500m를 넘는 경우가 별로 없다. 대부분의 분석구는 큰 화산체 옆에서 분출하며 주변에 많은 분석구가 같이 분포한다. 격렬한 화산 활동으로 뜯겨 올라간 용암이 식어서 굳은 분석*으로 이루어져 있으며 원뿔 모양을 이루는 것이 특징이다. 대부분의 분석

▲ 분석구
원뿔 모양이 성층화산과 비슷해 보이지만 규모가 훨씬 작고 주변에 많은 분석구가 같이 분포한다(하와이).

구는 정상 부분이 오목하게 패였지만, 흘러나온 용암에 의해 한쪽 부분이 무너지면서 초생달 모양이나 말발굽 모양을 하기도 한다. 분석구는 지구상에서 가장 흔한 화산체이며, 제주도에 있는 오름 중 350여 개가 분석구다.

분석 액체 상태의 용암이 화구에서 솟구쳐 올라가 지표에 떨어진 현무암질 용암 덩어리를 분석이라고 한다. 대체로 크기는 주먹만 하지만 더 큰 것도 있고, 작은 것도 있다. 과학자들은 분석, 스코리아(scoria)라고 부르고, 제주도에서는 송이라고 부른다.

03 ● 폭발하거나 분출하거나

화산 활동은 크게 두 가지 형태로 구분할 수 있다. 하나는 폭발하는 것(화산 폭발)이고 다른 하나는 분출하는 것(화산 분출)이다. 화산 폭발은 화구에서 폭발하면서 시커먼 먼지 기둥이 되어 대기로 솟아 오르는 형태를 말한다. 1980년 미국 세인트헬렌스 화산 활동을 포함하여 태평양 주변에서 일어나는 화산 활동의 대부분이 폭발 형태였다. 한편, 화산 분출은 화구에서 빨간 용암이 나와 강물처럼 흘러내려가는 것으로 대표적인 예가 하와이 화산 분출이다. 그래서 화산 분출을 하와이형 분출이라고도 부른다.

화산에 의한 재해는 여러 가지가 있지만 분출하는 화산보다는 폭발하는 화산에 의한

▲ **용암에 의한 피해**
용암으로 도로가 끊긴 하와이 남쪽 해안의 모습. 킬라우에아 화산은 1880년대 이후 용암이 계속 분출하고 있으며 해안까지 용암이 흘러가면서 섬이 커지고 있다.

피해가 훨씬 크다. 왜 빨간 용암이 분출하는 화산보다는 검은 화산재가 뿜어져 나오는 화산이 더 큰 피해를 입힐까? 짐작하는 것처럼 화산재와 화산 가스가 섞여 산사면을 따라 흘러내리는 현상인 화쇄류와 화산 이류는 속도가 매우 빠르고 넓은 지역에 두꺼운 흙더미를 가져다 덮어버리기 때문이다. 반면에 용암은 상대적으로

▲ 수증기 기둥

지하의 용암 통로를 따라 흘러내려간 용암이 바다로 들어가면서 거대한 수증기 기둥을 만들었다(하와이).

속도가 느리기 때문에 대피할 시간이 있다. 물론 계속해서 용암이 분출하면 주변 지역을 황폐화시키지만, 지금까지 큰 재난을 일으켰던 화산은 모두 폭발형 화산이었다.

생생한 화산 활동 현장으로 가보자. 앞의 사진은 2003년 미국 하와이 섬에 있는 킬라우에아 화산의 푸우오오 분화구에서 분출해 흐르던 용암이 굳은 모습이다. 뜨거운 용암이 길을 가로질러 흐르다가 굳어져 단단한 현무암으로 변해버렸다. 화산 주변에 있는 도로는 끊겼고 더 이상 이 길로 자동차가 갈 수 없게 되었다. 이 용암 분출로 하와이 남부 해안도로가 끊기고 주변 마을과 산, 농토와 식물원이 묻히는 사고가 발생했다.

푸우오오 분화구에서 나온 용암은 지금도 산사면을 따라 20여km를 흘러 바다로 들어간다. 10여km를 흘러내려온 용암이 바닷물과 만나면서 위 사진과 같이 수십m 높이의 수증기 기둥이 생겼다. 이 수증기 기둥에는 황화수소, 이산화탄소 등 유독가스가 포함되어 있으므로 너무 가까이 가는 것은 몸에 해롭다.

04 ⊕ 화산 활동의 메커니즘

지금도 지구 어디에선가는 화산이 활동하고 있다. 화산은 전 세계에 골고루 분포하지 않고 특정한 지역에서 나타나는데, 주로 대륙과 해양이 만나는 경계부에서 폭발한다. 특히 태평양과 주변 대륙이 만나는 경계부에 집중적으로 화산이 분포하는데, 이곳을 불의 고리 ring of fire 라고 부른다. 왜 화산은 특정한 지역에 집중해서 나타나는 것일까?

마그마는 지하의 암석이 온도와 압력의 변화에 의해 녹은 것으로 화산 가스를 포함하는 액체 상태의 물질이다. 주로 지각의 하부와 맨틀의 상부에서 만들어지는데, 땅속에서 고체 상태의 암석이 녹아 액체와 기체로 변할 때 부피도 팽창한다. 마그마의 부피가 팽창하면 주변의 암석을 매우 강하게 밀어내게 되는데, 이러한 힘이 오랫동안 작용하면

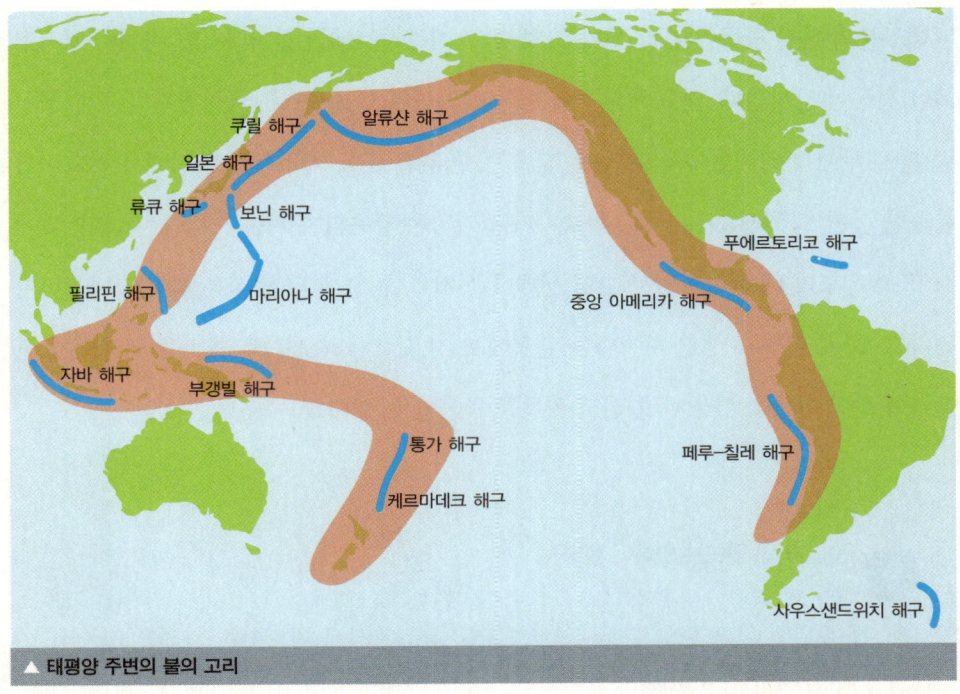

▲ 태평양 주변의 불의 고리

남아메리카 칠레에서 알래스카를 걸쳐 일본, 동남아시아 등을 연결하는 고리 모양의 화산대로, 환태평양 지진대와 대체로 일치한다.

마그마는 서서히 지표 가까이로 이동한다. 마그마가 밀어내는 힘이 마그마를 누르는 압력보다 커지면 마그마는 더 이상 지하에 머물지 못하고 지표로 분출하는 것이다.

그런데 이런 화산 활동은 지구 내부 어디에서나 일어나는 것이 아니라 적당한 조건을 갖춘 곳에서만 일어난다. 바로 판의 경계부와 열점이다. 판의 경계부는 특징에 따라 수렴형 경계, 발산형 경계, 보존형 경계로 구분하는데, 화산 활동은 수렴형 경계와 발산형 경계에서 일어나고 보존형 경계에서는 화산 활동이 거의 일어나지 않는다. 두 판이 만나는 수렴형 경계에서 화산 활동이 가장 활발한데, 태평양 주변의 환태평양 화산대가 여기에 속한다. 발산형 경계는 대부분 바다 속에 있어서 관찰하기 어렵다. 발산형 경계에서 발달한 화산을 유일하게 볼 수 있는 곳이 북대서양에 있는 아이슬란드다. 아이슬란드는 섬 중앙을 지나는 판의 경계부에서 화산 분출이 계속 일어나고 있어서 섬의 면적이 계속 넓어지고 있다.

대부분의 화산 활동이 판의 경계부, 즉 판의 가장자리에서 일어나지만 판 내부에서도 화산 활동이 일어난다. 대표적인 곳이 미국 하와이와 옐로우스톤 국립공원이다. 이곳처럼 판 내부에서 일어난 화산 활동은 땅속 아주 깊은 곳에 자리잡은 열점에서 마그마가 분출한 것이다. 열점hot spot이란 마그마가 생겨나는 땅속의 뜨거운 지점을 말한다. 앞에서 땅속 온도가 매우 높아져서 고체 상태를 유지할 수 없게 된 암석은 녹아서 마그마가 된다고 했다. 이렇게 생긴 마그마는 열점에서 지표로 올라오는데, 올라온 마그마가 분출하여 화산 활동을 했을 때 열점의 위치를 확인할 수 있다.

마그마의 온도는 얼마나 될까?
땅속에서 마그마는 적어도 1,200°C가 넘는다. 이 정도 온도를 가진 마그마가 분출하면 주로 현무암을 만든다. 온도가 700°C 정도 되는 유문암질 용암도 있으나, 이런 용암이 흔한 경우는 아니다. 가끔 텔레비전에서 지표 위를 천천히 흘러가는 용암의 모습을 볼 수 있는데, 이때의 온도도 대부분 1,000°C가 넘는다고 보면 된다.

05 🌐 화산이 분출하면 무엇이 나올까?

화산에서 분출한 물질은 세 가지로 구분 되는데 화산 가스, 용암, 화산 쇄설물이 다. 화산 가스의 대부분은 수증기이지만, 이산화탄소, 일산화탄소, 황산화물, 염화 수소 등이 섞여 있어, 사람과 동물은 물론 농작물이나 식물에도 매우 해롭다. 화산 가스는 주로 화산체 주변에서 심각한 피 해를 입히지만 바람을 따라 이동하면서

▲ 용암
하와이 킬라우에아 화산에서 분출한 용암이 해안가로 흘러 가고 있다.

피해 지역이 넓어지기도 한다. 화산 가스는 호흡 곤란을 일으키며 호흡기 질환이 있는 사람은 심한 경우 목숨을 잃을 수도 있다. 화산 용암이 물속으로 들어갈 때에도 유독한 가스가 발생하여 주변의 생물에게 피해를 일으킨다.

용암은 표면을 따라 흘러내려가면서 굳는다. 가장 활발하게 용암이 분출하는 하와이 에서는 빨간 용암이 작은 강을 따라 흘러가는 듯한 모습을 보인다. 용암은 표면이 매끈

▲ 화산 쇄설물로 이루어진 지층
한라산의 기생화산체 송악산이 폭발하면서 분출한 화산 쇄 설물들이 쌓여 지층을 이루었다.

▲ 화산탄
화산 분출로 뜯겨 올라간 용암 덩어리가 굳어져서 형성된 화 산탄(제주도 섭지코지).

하고 밧줄 모양의 구조가 발달된 파호이호이 용암pahoehoe lava과 표면이 날카롭고 뾰쪽한 덩어리들이 모인 아아 용암aa lava으로 구분한다.

　화산 쇄설물은 입자의 크기에 따라 화산재(알갱이의 지름이 2mm 이하), 화산력(알갱이의 지름이 2～64mm), 화산탄(알갱이의 지름이 64mm 이상으로 용암이 둥근 모양으로 굳어진 것), 화산암괴(알갱이의 지름이 64mm 이상으로 각진 암석 덩어리)가 있다. 화산이 폭발하면 화산 가스와 함께 화구에서 솟아나와 멀리까지 이동하기도 하고, 포탄처럼 포물선을 그리면서 지표로 떨어지기도 한다. 뜨거운 화산 가스와 화산재가 섞여 빠른 속도로 산사면을 흘러내려가는 화쇄류는 화산체 주변 지역에 많은 피해를 일으킨다. 강력한 화쇄

아아 용암과 파호이호이 용암

　용암의 이름은 세계에서 가장 활발하게 화산이 분출하는 하와이의 원주민들이 두 가지 용암을 구분해 부르는 데서 유래한다. 표면이 거칠고 날카로운 용암 덩어리가 구르거나 모여 있는 아아 용암은 표면을 밟으면 너무 아파 "아～아～" 하는 소리를 내서 이름 붙여졌다고 한다. 아아 용암은 천천히 굴러가면서 덩어리들이 커지거나 깨지면서 변해간다.

　한편, 파호이호이 용암은 표면이 부드럽고 여러 개의 밧줄을 꼬아놓은 듯한 모양을 한 용암을 말한다. 파호이호이 용암은 점성이 작고 빠르게 흐르는 용암이며, 표면의 용암이 식어 굳으면 그 아래에서 흐르는 용암에 의해 쪼개져서 넓적한 판 모양의 용암 덩어리가 빨간 용암 위에 둥둥 떠다니기도 한다. 표면의 용암이 굳어지고 위에서 계속해서 용암이 흘러내려오면 반고체 상태의 용암이 쭈글쭈글 접혀지면서 밧줄 모양의 용암 표면을 이룬다.

▲ 아아 용암(하와이 새들로드)

▲ 파호이호이 용암(하와이 크레이터로드)

류가 흘러가면 나무들이 모두 쓰러지고 건물들도 파괴되는 경우가 많다.

06 🌐 화산이 일으키는 피해 양상

화산은 세계 곳곳에서 발생하지만 대부분은 육지의 가장자리나 섬 지방에서 많이 발생한다. 화산체 주변은 화산으로 인해 큰 피해를 입어왔는데, 지금까지 관찰한 바에 의하면 화산 재해의 양상을 몇 가지로 구분해볼 수 있다.

첫째, 용암이 흘러가면서 생긴 재해로 대표적인 곳이 미국 하와이와 대서양 북쪽에 있는 아이슬란드다. 뜨거운 용암이 흘러내려와 주변 도시와 산림, 논과 밭이 묻히는 일이 발생한다. 제주도 한라산이 지금 분출한다면 이런 재해를 일으킬 것이다.

둘째, 뜨거운 화산재와 화산 가스에 의한 피해다. 미국 세인트헬렌스 화산과 필리핀의 피나투보 화산이 대표적인 예다. 앞서 이야기했던 베수비우스 화산에 의한 피해도 여기에 속하며, 전 세계에서 가장 많이 발생하는 화산 재해다. 화산 폭발에 의해 거대한 먼지 기둥이 만들어지고, 뜨거운 화산 가스와 화산 쇄설물이 뒤섞여 빠른 속도로 내려가면서 주변의 모든 것들을 황폐화하기 때문에 피해가 매우 크다. 화쇄류에 의한 직접적인 피해뿐만 아니라 공중으로 올라간 화산 가스와 화산재가 대기권에 머물면서 태양 복사 에너지를 차단함으로써 기후를 한랭하게 하고 식물을 고사시키는 등 지구 전체에 재앙을 가져올 수도 있다. 우리나라에서 화산 폭발 활동이 가장 활발했던 중생대 말과 백두산 화산이 폭발했던 시기에는 이런 형태의 재해가 있었을 것이다.

셋째, 눈으로 덮인 화산이 분출하여 녹은 물과 많은 비가 내려 화산재, 화산 자갈 등과 섞여 흘러내려가면서 생기는 화산 이류에 의한 피해다. 이 흐름은 인도네시아어로 라하lahar라고도 하는데, 1985년 2만 5,000여 명의 목숨을 빼앗아갔던 콜롬비아의 네바도 델 루이스 화산의 피해가 대표적인 예다.

　넷째, 화산 가스로 인한 피해다. 이런 피해는 상당히 드문 편인데, 아프리카 카메룬의 니오스 호수와 모노운 호수에서 흘러나온 가스가 호수 아래 마을로 흘러들어가 수천 명의 목숨을 앗아가기도 했다.

지구의 항문, 니오스 호수

아프리카 카메룬의 오쿠 산에 있는 산중 호수로, 지름 약 1,800m, 깊이는 208m다. 니오스 호수는 약 400년 전 다량의 가스가 분출하고 난 뒤 정상 부근이 내려앉아 생긴 분화구에 물이 고여 생겼다. 호수 아래에 있는 마그마에서 발생한 이산화탄소가 조금씩 올라와 호수의 물에 녹아 들어갔다. 물속에 많아진 이산화탄소는 호수 표면으로 올라와 넘쳤고, 공기보다 무겁기 때문에 산을 타고 산 아래에 있는 마을까지 내려갔다. 1986년 8월 21일 이른 새벽, 마을에서 잠을 자던 주민 1,800여 명과 3,500여 마리의 가축이 질식사했다. 이미 1984년에 근처에 있는 모노운 호수에서도 비슷한 일이 발생하여 37명이 사망하는 일이 있었다. 호수에서 가스가 빠져나가면서 일어난 재해는 아무도 예상하지 못한 일이었고, 과학자들을 혼란에 빠뜨렸다. 지금은 호수에 가스관을 설치하여 호수 바닥에서 공기 중으로 이산화탄소가 조금씩 빠져나가게 하여 사고를 방지하고 있다.

07 🌐 역사적인 화산들

지금까지 화산 재해로 목숨을 잃은 사람이 얼마나 되는지 정확히 알 수 없다. 118쪽의 표는 역사적인 기록으로 알 수 있는 화산 중 2,000명 이상의 인명 피해가 났던 화산들이다. 많은 생명을 앗아가는 화산은 지구 곳곳에서 오랜 시간에 걸쳐 일어났다. 얼마나 많은 화산이 폭발하고 얼마나 많은 사람들이 화산으로부터 피해를 입고 있는 것일까? 가장 많은 피해를 입혔던 화산이 탐보라 화산이지만 사람들이 가장 많이 기억하는 화산은 폼페이를 땅속으로 묻어버린 베수비우스, 1980년 폭발한 미국의 세인트헬렌스, 1985년 2만 명이 넘는 인명 피해를 일으켰던 네바도 델 루이스 화산이다. 격렬하게 용암을 분출하는 하와이는 가장 극적인 모습을 보여주기는 하지만 인명 피해는 별로 없는 편이다.

▲ 네바도 델 루이스 화산의 피해
화산이 폭발하면서 산 정상에 있던 눈과 얼음이 녹아 진흙, 암석과 섞이면서 빠른 속도로 계곡을 내려와 산 아래 마을을 덮쳤다.

많은 피해를 냈던 몇 개의 화산에 대해 알아보자. 1815년 폭발한 인도네시아 탐보라 화산은 인류 역사상 가장 많은 인명 피해를 일으켰던 화산이다. 화산 폭발로 발생한 소리가 얼마나 컸던지 1,500km 떨어진 호주 북부 해안에서도 들렸다고 한다. 탐보라 화산이 있는 인도네시아 숨바와 섬과 그 주변에서 9만여 명이 목숨을 잃었다. 서울 면적의 80%에 달하는 약 50만㎡를 화산재가 덮었고, 이때 분출한 화산재는 성층권까지 올라가 태양 복사 에너지를 가로막았다. 이 영향으로 이듬해인 1816년에는 전 지구의 온도가 3℃ 정도 낮아져 여름이 없는 서늘한 한 해를 보냈다.

1985년 11월에는 남아메리카 콜롬비아 안데스 산맥의 가장 북쪽에 자리 잡은 네바도 델 루이스 화산이 폭발했다. 루이스 화산은 적도에서 500km밖에 떨어져 있지 않지만 고도가 5,389m로 산이 높아 정상에는 늘 눈과 얼음이 덮여 있었다. 150여 년 만에 화산이 폭발하자 눈과 얼음이 녹아내려 진흙과 암석 덩어리가 섞여 흘러내리기 시작했다. 이 폭발로 발생한 이류는 산 아래에 있는 아르메로Armero 라는 도시를 매몰시켜 2만 3,000명이 넘는 사람들이 목숨을 잃었다. 화산 이류가 한밤중에 계곡을 따라 빠르게 흘러내려 대부분의 주민들이 잠을 자고 있다가 피해를 입은 것이다. 루이스 화산은 화산학자들이 여러 차례 경고를 했는데도 정부 관리자들이 이를 무시해 발생한 사고였다.

베수비우스 화산은 현재 유럽 대륙에 있는 유일한 활화산이다. 폼페이가 묻힌 이후에도 베수비우스 화산은 폭발을 계속해왔다. 1631년 폭발 때는 4,000여 명이 사망했는

역사상 많은 피해를 냈던 화산들			
희생자수	화산이름	해당국가	발생연도
92,000	탐보라	인도네시아	1815
36,000	크라카타우	인도네시아	1883
29,000	몽펠레	마르티니크 섬	1902
23,000	네바도 델 루이스	콜롬비아	1985
15,000	운젠	일본	1792
10,000	라키	아이슬랜드	1783
10,000	켈루트	인도네시아	1586
6,000	산타 마리아	과테말라	1902
4,000	갈룽궁	인도네시아	1822
4,000	베수비우스	이탈리아	1631
3,500	베수비우스	이탈리아	79

데 이때는 화산 이류와 용암류에 의한 피해가 컸다. 베수비우스 화산은 1944년 이후로 는 한 번도 폭발이 일어나지 않고 있다. 19세기 중반 폼페이 발굴과 함께 화산재에 묻혀 죽은 옛 폼페이인들의 모습이 드러나면서 당시 얼마나 무섭고 비참한 상황이었는지 알 수 있게 되었다. 화산 폭발만 아니라면 나폴리 해안은 기후와 여건이 아주 좋은 곳이다. 그래서인지 베수비우스 화산 주변에는 약 200만 명의 주민이 살고 있는데 화산이 폭발하면 언제든지 많은 피해를 입을 수밖에 없다.

세인트헬렌스 화산은 1980년 화산 폭발이 있기 전까지 거대한 원뿔 모양의 화산체였다. 약 2,200년 전에 분출했던 용암과 화산 쇄설물이 쌓여 만들어진 젊은 화산으로, 그 이후에는 가끔 화산재, 화산 가스, 용암이 분출하여 쌓이면서 조금씩 모양을 갖추어 원뿔 모양의 성층화산을 이루었다.

이 거대한 화산에서 1980년 3월부터 폭발의 조짐이 나타나기 시작했다. 3월 20일 규모 4.0의 지진이 발생하고, 화산체의 북쪽 사면이 하루에 1.5m씩 부풀어오르기 시

▲ 세인트헬렌스 화산의 폭발 전후
1980년 5월 9시간 동안 분출한 세인트헬렌스 화산은 폭발 전 3 372m였던 높이가 폭발 후 2,914m로 약 400m나 줄었다.

작했다. 화산체 내부에서 거대한 화산 가스가 강력하게 표면의 암석을 밀어올린 것이다. 3월 27일부터 화산 가스와 수증기가 나오기 시작하더니 5월 18일 규모 5.1의 지진이 발생하면서 90m나 부풀어오르던 북쪽 사면이 더 이상 경사를 이겨내지 못하고 미끄러져 내리는 산사태가 시작되었다. 그리고 그 틈에서 화산 가스와 화산재가 올라오고 거대한 자갈과 흙더미가 흘러내렸다. 이 산사태는 인류 역사상 최대 규모로 기록되었다. 이렇게 폭발적인 분출이 일어난 것은 심하게 흔든 탄산음료의 병 뚜껑을 갑자기 열었을 때 나오는 탄산가스와 음료가 뿜어져 나오는 것과 비슷한 현상이다.

산사태에 의해 흘러내리는 쇄설물이 북쪽 골짜기를 따라 서쪽으로 급격한 속력으로 흘러내려갔고, 계곡에는 40m가 넘는 거대한 암석 덩어리와 자갈, 화산재가 섞인 퇴적물이 쌓이게 되었다. 어떤 곳은 퇴적물의 두께가 150m가 넘었는데, 이것은 우리나라에서 제일 높은 건물인 여의도 63빌딩의 33층이 묻힐 정도의 높이다. 산사태에 의해 흘러내리는 쇄설물은 10분 동안 무려 24km나 이동한 것도 있었다. 이것은 140km/h로 달리는 차를 따라잡는 속도다.

세인트헬렌스 화산이 폭발하기 전 산의 높이는 약 3,372m였다. 9시간 동안의 폭발적인 분출과 산사태로 엄청난 양의 표면 암석이 흘러내린 후 높이는 2,914m가 되었다. 산 정상부 400m의 암석이 사라져버린 것이다. 화산 폭발 후 세인트헬렌스 산은 아주 다른 모습으로 변해버렸다.

08 🌐 우리나라에도 화산이?

제주도와 백두산은 우리나라의 대표적인 화산이다. 여기에 울릉도와 독도에도 화산 활동이 있었고, 강원도 철원과 경기도 연천에는 상당히 넓은 용암이 평원을 이루고 있다. 이외에도 우리나라에 화산이 더 있었을까?

　우리나라의 화산은 크게 둘로 나누어볼 수 있다. 비교적 젊은 신생대 화산과 그 이전의 화산으로 말이다. 위에서 말한 제주도, 백두산, 울릉도, 독도, 철원-연천에 분포하는 화산은 신생대 화산이다. 신생대 화산이 비교적 많이 알려져 있지만 우리나라에서 화산 활동이 가장 활발했던 시기는 중생대 백악기 때다. 이 시기에 땅끝 해남에서 북쪽 끝까지 전국에서 화산이 폭발했다고 해도 지나친 말이 아니다. 지금은 풍화와 침식 작용으로 거의 깎여나갔기 때문에 화산의 형태가 남아 있지 않지만 아직도 화산 활동으로 생긴 화산재나 화산암괴가 쌓여서 만들어진 암석은 많이 남아 있다. 화산재가 쌓여서 만들어진 암석을 응회암이라고 하는데, 해남, 화순, 의성, 부산 등 남부 지방은 물론 진안, 무주, 영동, 음성 등 중부 지방, 그리고 북한에도 여러 곳에 응회암이 분포한다.

　백악기 때의 화산체 모양이 잘 남아 있는 곳이 경북 의성에 있는 금성산이다. 금성산은 화산이 폭발한 후 화산체 가운데가 함몰되어 움푹 들어간 칼데라의 모양을 보여준다. 주변에 발달된 지층 구조를 보면 가운데로 기울어진 모습이 잘 나타나 있다.

　백악기 이전에도 한반도에는 소규모 화산 활동이 있었고 그때 만들어진 암석이 분포하지만, 너무 오래된 데다가 이후에 풍화작용과 침식작용으로 사라져버려 지질학자가 아니면 알아보기 어렵다.

09 🌐 온천과 화산의 상관 관계

온천은 땅속에서 뜨거운 물이 나오는 샘이다. 일반적으로 지하수는 시원한 물인데 뜨거운 물이 나온다니 매우 특별한 일이 아닐 수 없다. 어떤 곳에 온천이 있다면 그곳의 땅속에는 물을 뜨겁게 해주는 열원이 있다는 뜻이고 그것은 땅속에 있는 마그마다.

▲ **마그마에 의한 온천**
땅속의 마그마에 의해 뜨거워진 물이 지표로 흘러나와 고인 온천(미국 옐로우스톤 국립공원).

실제로 미국, 일본, 아이슬란드와 같은 나라에는 마그마의 열에 의해 생긴 온천이 있다. 그리고 이런 온천이 가장 많은 곳이 미국 옐로우스톤 국립공원이다. 이곳에 있는 온천에서는 뜨거운 김이 올라오고, 심지어 어떤 곳은 부글부글 뜨거운 물이 끓어오르는 것도 볼 수 있다. 가끔은 뜨거운 물이 분수처럼 하늘로 솟아오르기도 한다. 이런 온천을 간헐천이라고 부른다. 또 어떤 곳은 지표가 뜨거워지는 곳도 있다. 손으로 만져도 금방 뜨거운 기운을 느낄 수 있을 정도다. 대표적인 곳이 하와이 킬라우에아 화산이다.

그렇다면 온천이 많은 우리나라도 땅속에 마그마가 있고 그 마그마가 올라와 화산이 분출할 수도 있다는 얘기일까? 걱정하지 않아도 된다. 우리나라의 온천은 지하에서 나오는 25℃ 이상의 물을 의미한다. 지구는 어디나 땅속 깊이 들어갈수록 온도가 점점 높아진다. 100m 들어가면 보통 2~3℃ 정도 온도가 올라가고, 지하에 마그마가 있는 경우에는 100m 들어가면 7°C 정도까지 높아진다. 현재 있는 곳의 표면 온도가 15°C이고 땅속으로 100m 들어갈 때마다 3°C씩 온도가 올라간다고 치자. 땅속으로 500m 들어가면 온도는 30°C가 된다. 그럼 500m에서 물이 올라오거나 땅속 500m 지점에서 물을 끌어올리면 30°C의 물을 얻을 수가 있는 셈이다. 그렇게 되면 우리나라의 규정에 의한 온천이 되는 것이다. 땅속에 마그마가 없어도 25°C 이상의 물이 나올 수도 있으므로 화산 재해 걱정은 하지 않아도 된다.

10 🌐 화산 폭발에 임하는 우리의 자세

화산이 폭발하면 어떻게 피해가 발생하는지 앞에서 살펴보았다. 빨간 용암이 흐르는 장면은 우리에게 엄청난 위압감을 주지만 실제로 뜨거운 용암에 의한 인명 피해는 많지 않다. 왜냐하면 용암이 흘러오는 것이 보이고 그것을 보고 피할 수 있기 때문이다. 물론 용암이 흘러오기에 앞서 화산 가스 냄새도 많이 난다.

용암보다 더 위험한 것은 뜨거운 화산 가스와 화산재가 섞여 내려오는 화쇄류다. 화쇄류는 속도가 매우 빠를 뿐만 아니라 엄청난 에너지를 가지고 흘러가기 때문에 주변 지역을 초토화시킬 수 있다. 화산 폭발이 예보되고 경보가 내리면 미리 대피해야만 인명 피해를 막을 수 있다. 화쇄류가 밀려오면 이겨낼 수 없으며, 피하는 것이 유일한 방법이다. 우리가 잘 알고 있는 폼페이 최후의 날도 바로 베수비우스 화산에서 내려온 화쇄류에 의해 도시가 매몰되고 수많은 사람들이 묻혀버린 사건이었다.

또 다른 큰 피해는 화산으로 야기된 거대한 화산 이류가 흘러내려오는 것이다. 화산이 분출하는 도중이나 직후에 비가 내리거나 뜨거운 열로 화산체의 정상에 있던 빙하가 녹아내려 거대한 사태가 생길 수도 있다.

화산을 관측하는 화산 관측소에서는 항상 화산 폭발 위험이 있는지 관측한다. 화산 폭발 징후가 발견되면 화산주의보나 경보를 발령하고 주민들에게 대피하라는 예보를 한다. 우리나라에서는 화산 폭발 예보를 듣기 어렵겠지만 화산 주변으로 여행을 갈 경우에는 예보에 관심을 갖고 대비해야 한다. 우리나라에서도 많은 관광객들이 찾아가는 일본 아소 화산은 유독한 화산 가스가 분출하면 출입을 제한한다. 긴급한 상황이 발생하면 몸을 피할 수 있도록 대피소를 설치해 놓았다.

지구상에서 가장 뜨거운 곳, 하와이

지구상에서 화산 활동으로 가장 극적인 모습을 보여주는 곳은 하와이 섬이다. 하와이는 1983년부터 킬라우에아 분화구 남동쪽에 있는 푸우오오 분화구에서 용암이 흘러내려 하와이 남동쪽 지형을 크게 바꾸어 놓았다. 칼라파나 북서쪽에서 흘러내려온 용암이 서서히 마을로 다가오면서 마을이 조금씩 시커먼 용암밭으로 변해버렸다. 1983년부터 2004년까지 칼라파나는 189개의 주택과 건물이 파괴되고, $117km^2$가 용암으로 덮였으며, 해안도로가 14km가량 매몰되었다. 이 지역은 1,000℃가 넘는 현무암질 용암이 흘러가면서 도시와 도로, 아름다운 식물원을 파괴했으며 여러 가지 밧줄 모양의 구조가 발달된 파호이호이 용암이 넓게 펼쳐져 있다.

▲ 하와이 남동해안에 있는 칼라파나 지역이 푸우오오 분화구에서 흘러내려온 용암에 의해 지형이 바뀌었다.

▲ 칼라파나 지역에 밀려 내려온 용암으로 파괴되는 건물의 모습.

LANDSLIDE

CHAPTER
06
산사태

우리나라에서는 여름만 되면 연중행사처럼 산사태로 인한 피해 소식이 전해져오곤 한다. 산사태가 일어나는 원인은 무엇일까? 산사태가 일어나기 전에 미리 알 수는 없을까? 어떻게 하면 이에 대비할 수 있을까? 이러한 질문을 해결하기 위해 산사태의 모든 것을 알아보자.

01 ⊕ 해마다 반복되는 산사태

흔히 산사태라고 하면 폭우에 의해 산의 한 귀퉁이가 떨어져 나와 대규모로 마을을 매몰시키는 광경을 떠올리게 된다. 그러나 실제로 산사태라는 말은 경사진 도로에 떨어진 돌덩어리 하나에서부터 대규모 산사태까지 모든 경사면에서 일어나는 물질의 이동을 일컫는다.

지구상의 대부분 지역은 경사면을 이루고 있다. 이 사면은 겉으로는 안정적으로 보이지만 그 위에 얹혀 있는 물질들은 끊임없이 움직이려 한다. 중력의 영향을 받는 한 모든 물질은 좀 더 안정된 위치를 찾아 하부로 이동하려고 하기 때문

▲ 산사태
2005년 8월 3일 무주에 갑자기 내린 비는 길 양쪽으로 산사태를 일으켜 오전 내내 차량이 갇히게 되었다. 이런 산사태는 비만 오면 빈번하게 나타난다.

이다. 이처럼 여러 가지 원인으로 바위, 자갈, 모래, 진흙 등 지반을 이루고 있던 물질들이 하부로 이동하는 모든 현상을 산사태라고 한다. 산사태의 규모는 아주 작은 것에서부터 큰 것에 이르기까지 다양하고, 이동 속도도 1년에 수mm 이하의 속도로 이동하는 아주 느린 것에서부터 초당 수m 이동하는 것에 이르기까지 매우 다양하다.

산이 많은 우리나라는 산사태의 위험이 곳곳에 도사리고 있다. 우리나라의 산은 경사가 급하고 대부분 화강암과 화강편마암으로 이루어졌다. 화강암은 풍화가 되면 잘 부스러지는 마사토*가 된다. 마사토는 비에

마사토 화강암은 변성 작용을 받으면 화강편마암이 되는데 우리나라의 산은 대부분 화강암이나 화강편마암으로 이루어져 있다. 이 화강암이나 화강편마암이 풍화되어 쌓인 토양이 바로 마사토다.

특히 약하므로 비가 집중적으로 내리는 6~9월에 산사태가 자주 발생한다. 최근에는 지구 온난화와 이상 고온 현상으로 태풍이 많이 발생하면서 집중호우가 증가해 산사태가 더 자주 발생하고 규모도 커지는 추세다.

우리나라에서 가장 많이 일어나는 산사태는 강우에 의해 약해진 지반이 토양을 버티지 못하고 갑자기 쭉 밀려나 아래로 흘러내려버리는 토석류다. 장마 때 국도변의 산사면이 순식간에 무너져 도로 아래까지 흙이 흘러내리는 것이 여기에 해당된다. 또한 도로 가장자리가 무너져 내리는 함몰 사태도 흔히 볼 수 있다. 도로 공사를 할 때 지반 공사를 튼튼히 하지 않았기 때문에 나타나는 현상이다. 지진이나 화산 활동 등 지각 변동도 산사태를 일으키는 원인이 되지만 우리나라에서는 찾아보기 힘들다.

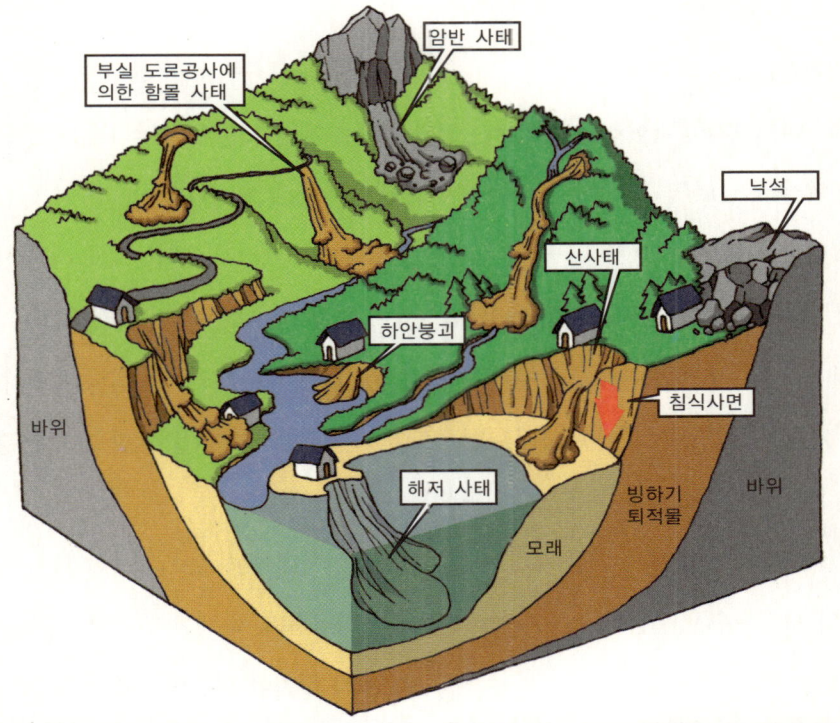

▲ 산사태 가능지역

산사태는 일반적으로 급한 경사면에서, 비나 지진이 발생할 때 일어난다. 불안정한 경사면이나 근처의 개발은 피하는 것이 좋다.

02 🌐 매우 다양한 산사태 유형

산사태의 유형은 아주 다양하고 복잡하다. 여기에서는 대표적인 몇 가지 유형에 대해서만 알아보자. 암석뿐 아니라 암석을 덮고 있는 퇴적물과 식물들까지 함께 높은 곳에서 떨어져내리는 것을 낙하라고 한다. 떨어진 암석(낙석)은 튀거나 구

▲ 테일러스
절벽에서 떨어진 암석이 하부에 쌓여 테일러스가 형성되었다.

르거나 미끄러지면서 아래로 흘러내려 절벽 아래에 원뿔 모양으로 쌓이는데 이 돌무더기를 테일러스talus*라고 한다. 낙하는 단단한 암석에서 잘 발생한다.

또 다른 유형으로 지반 물질들이 매끈한 면을 따라 미끄러져 내리는 미끄러짐 사태가 있다. 퇴적암이 쌓이면서 생성된 층리, 변성암이 힘을 받아서 생성된 편리, 그리고 지층이 끊어지면서 생성된 단층면 등에서 특히 잘 일어나는데 미끄러지는 면이 지형의 경사면과 거의 평행한 곳에서는 미끄러지는 속도가 더욱 빠르다. 미끄러짐은 가파른 경사면이 많은 고산 지역에서 흔히 일어난다.

함몰은 우리 주변에서 가장 흔하게 볼 수 있는 산사태이며, 1~2m²를 덮는 작은 규모부터 수백~수천m²를 덮는 큰 규모까지 매우 다양하다. 대체로 함몰이 일어난 위쪽은 수직 절벽이 만들어지고 아래쪽은 흙더미가 쌓인다. 함몰은 주로 인위적인 활동에 의해 발생하는데, 도로 공사를 해서 가파르

테일러스 암석의 틈 사이에 스며들어간 물이 얼었다 녹는 작용이 반복되면 틈이 점점 커지다가 부서져서 테일러스를 형성하게 된다. 다른 말로 너덜, 너덜겅, 애추라고도 한다.

게 깎인 길이나 홍수가 지나간 후 무너져 내린 도로의 가장자리, 파도가 심한 해안가 등에서 잘 나타난다.

▲ 포행

또 아주 느린 산사태도 있다. 우리는 산비탈에 기울어져 서 있는 휜 나무나 비스듬히 서 있는 오래된 울타리를 주변에서 쉽게 볼 수 있다. 이것은 지반이 천천히 움직이고 있다는 뜻이다. 이렇게 오랜 시간에 걸쳐 지반이 천천히 움직이는 현상

비스듬한 경사면에 휘어진 나무나 비스듬하게 서 있는 오래된 울타리, 전봇대, 비석 등은 포행이 일어나고 있음을 알려준다.

을 포행이라고 한다. 모든 형태의 산사태가 그렇듯이 포행도 경사가 완만한 곳보다 급한 곳에서, 또 토양에 습기가 많을수록 더 잘 일어나는 경향이 있다. 식물이 많이 자라는 곳에서는 포행이 잘 일어나지 않는데 이것은 식물의 뿌리가 토양을 서로 묶어주는 역할을 하기 때문이다. 매우 느리게 움직인다고 해서 위험하지 않은 것은 절대로 아니다. 포행은 모든 사면에서 일어나고 누적 효과가 매우 커서 방심하다가는 큰 위험에 처할 수 있다.

토석류는 자갈, 모래, 점토 등이 물과 뒤섞여 흘러내려가는 것으로 마치 레미콘 트럭에서 콘크리트가 나오는 모습과 비슷하다. 이 흐름은 큰 자갈도 이동시킬 수 있을 만큼 밀도가 높다. 토석류가 흘러가는 도중에 물은 큰 입자들 사이에서 쉽게 빠져나가고, 입자들은 이동 속도가 줄어들어 그 자리에 쌓인다. 이렇게 쌓인 퇴적물들은 크고 작은 입자들이 섞여 있는데, 폭발하는 화산 주변에서 잘 나타나고, 또 빙하 가장자리에서 빙퇴석을 퇴적시키는 역할을 한다.

토석류보다 입자가 작은 흙의 흐름도 있다. 이를 이류라고 한다. 점토입자 사이의 빈틈(공극)은 작아서 물이 한번 스며들면 잘 빠지지 않아 액체처럼 흐르게 된다. 한번 이

동하기 시작하면 잘 멈추지 않아서 토석류보다 이동 속도도 빠르고 더 멀리까지 간다. 이류는 방금 쏟아놓은 콘크리트 반죽에서부터 흙탕물보다 약간 더 농도가 높은 수프와 같은 상태까지 형태가 다양하다. 지진 때문에 발생하는 이류는 물 없이도 잘 흘러내리며, 화산재가 물에 섞여 흘러내리는 화산 이류, 즉 라하는 빠른 속

▲ **산사면을 타고 내려온 토석류**
여름철 집중호우에 의해 토석류가 발생한 모습(강원도 정선).

도와 엄청난 규모로 흘러내리기 때문에 그 파괴력이 대단하다. 미국의 세인트헬렌스 화산이나 콜롬비아의 네바도 델 루이스 화산 분출 때도 라하가 일어나 엄청난 피해를 주었다.

03 🌐 얼마나 많은 사람들이 목숨을 잃었을까?

산사태의 피해로는 우선 낙석으로 인한 피해를 들 수 있다. 절벽 아래의 주거지나 도로에서는 낙석으로 인한 피해가 종종 일어나는데, 커다란 낙석에 부딪혀 주택이 파괴된 모습도 자주 볼 수 있다. 특히 새로 건설한 도로의 경우에는 사면의 하부를 깎아내는 경우가 많아서 낙석으로 인한 피해가 빈번하게 발생한다.

미끄러짐이나 함몰로 인한 산사태는 대부분 많은 비가 내린 후에 발생한다. 빗물이 스며들면 경사면이 미끄러워져 지반 물질들이 그대로 미끄러지게 되는 것이다. 평지 위에 남아 있는 지반 물질들도 언제 무너질지 모르므로 인근 지역의 주민들은 미리 대책을 마련해야 한다.

토석류나 이류로 인한 산사태는 규모가 큰 경우가 많은데다가 지반이 단단하지 않아서 흙더미에 집이나 사람이 묻히면 구조 작업도 매우 어렵다. 그래서 피해는 걷잡을 수 없이 커지게 된다.

우리나라에서는 1993년부터 2002년까지 10년 동안 산사태로 인한 사망자가 275명이나 된다. 산사태로 인한 피해 규모는 매우 커서 전체 자연재해의 28%가 넘는다. 하루 동안의 강우량이 연평균 강우량의 20%가 넘는 경우에는 대형 산사태가 발생할 가능성이 있어서 산사태주의보 또는 경보를 내린다. 태풍 중에는 비를 많이 내리는 것이 있는가 하면 바람이 강한 것도 있는데, 2002년의 태풍 루사는 유난히 비를 많이 내려 1,000여 개의 크고 작은 산사태를 일으켰다.

세계적으로 큰 피해를 낸 산사태로는 필리핀 레이테 섬에서의 산사태가 있다. 2006년 2월 17일 오전, 대규모의 산사태가 일어났다. 이 지역은 산사태가 일어나기 전 며칠 동안 계속해서 폭우가 쏟아졌고 산사태가 일어날 당시에는 리히터 규모 2.6의 지진도 발생했다. 산사태가 일어난 후 사흘 이상 폭우가 계속 내려 구조 작업도 불가능했다. 결국 마을 전체가 흙더미에 묻히고 3,000명 이상이 실종됐다. 이 지역은 1991년에도 집중호우와 산사태로 5,000~7,500여 명이 숨졌는데, 이 대형 참사 이후 15년간 비슷한

우리나라의 산사태 주요 발생 현황 (한국지질자원연구원)		
시기	피해지역	피해 규모
1996.7	경기도 연천, 강원도 철원	산사태 916개소 발생, 군인 30여 명 사망
1998.8	충북 보은, 경북 상주	산사태 963개소 발생
1998.8	경기도 연천, 강원도 철원	산사태 100여 개소 발생, 군인 5명 사망
2000.7	강원도 설악산	울산바위 인근 암석 1,000여t 붕괴
2001.7	경북 북부지역	도토 10개소 미몰, 양돈시설 전파, 가옥 40여 채 파손
2001.7	강원도 횡성	산사태 82개소 발생, 농경지 360ha 매몰, 주택 50동 파괴
2002.8	전국	태풍 루사로 인한 산사태. 56명 사망, 수천 억원 재산 피해

대형 자연재해가 4번이나 발생했다. 레이테 남부 지역에서 산사태가 자주 일어나는 이유는 이 지역이 대규모 단층지역인데다가 태풍이 통과하는 길목이기 때문이다. 이곳과 같은 재해 다발지역은 항상 산사태에 철저히 대비해야 하고 경우에 따라서는 사람들이 살지 못하도록 이주를 시켜야 한다.

> ### 🔍 산사태에도 좋은 점이 있다?
> 대부분의 자연재해가 나쁜 점만 있는 것이 아닌 것처럼 산사태에도 좋은 점이 있다. 산사태가 일어난 지역은 새로운 생태계가 형성되고 동식물의 개체수도 증가할 수 있다. 또한 산사태로 자연 댐이 생길 경우 수중 생태계가 새로이 생겨날 수도 있고, 기반암이 노출되어 광물 자원이 새로이 드러나기도 한다. 토석류가 지나간 자리에서 사금이나 다이아몬드가 발견되는 경우도 있다.

04 🌐 산사태를 일으키는 힘

산사태를 일으키는 가장 근본적인 힘은 중력이지만, 경사면이 아닌 곳에서는 중력의 영향을 받는다 해도 산사태가 일어나지 않는다. 즉, 경사가 급할수록 중력의 영향이 커져서 산사태가 일어날 가능성은 더욱 높아지는 것이다. 경사면과 평행하게 작용하는 힘은 경사각과 비례하므로 다음과 같은 공식이 성립된다.

> $$F_{평행} = 중력 \times \sin\theta \quad (\theta: 수평면과 사면 사이의 경사각)$$

이처럼 산사태에 작용하는 힘의 원리는 매우 간단하다. 그러나 사면이 붕괴될지 아닐지의 여부는 산사태를 일으키는 여러 요인들이 서로 어떻게 작용하느냐에 따라서 달라진다.

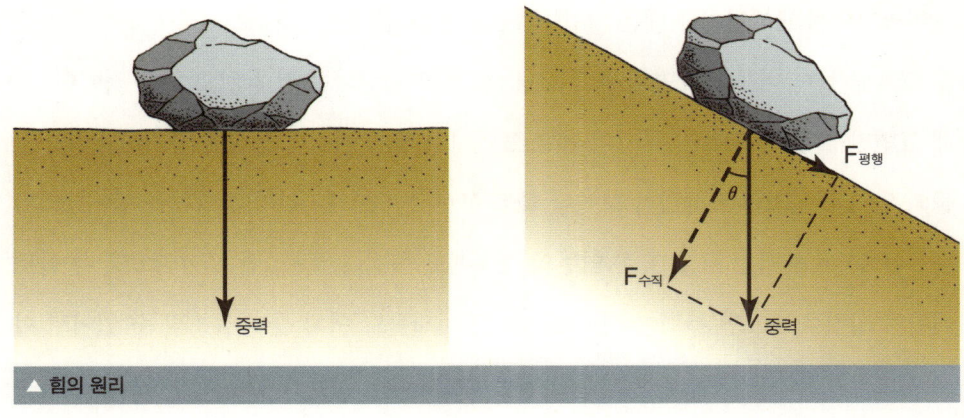

▲ 힘의 원리

평지에서는 지면과 수평 방향으로 작용하는 힘이 없으므로 물체가 움직이지 않지만, 경사면에서는 경사각이 있으므로 경사면에 평행하게 작용하는 힘이 생겨서 이 힘이 마찰력보다 커지면 물체가 움직인다.

산사태의 발생 가능성은 첫째, 지반 물질에 따라 달라진다. 기반암 위에 덜 굳어진 퇴적물들이 쌓여 있으면 미끄러지기 쉽다. 특히 이암이나 화산암 등 연약한 암석으로 이루어진 경우에는 이류나 함몰 형태의 산사태가 자주 발생한다. 반면 화강암, 현무암, 석회암 등 단단한 암석들은 강도가 커서 산사터 발생 비율도 낮다. 그러나 단단한 암석이라도 암반 내부에 틈이 있거나 단층으로 인해 부서진 부분이 있을 때에는 낙석이나 미끄러짐 등의 산사태가 발생할 가능성이 커진다. 따라서 지반 물질의 특성을 파악하는 것은 산사태 예방을 위해 매우 중요하다.

둘째, 사면의 경사 및 지형에 따라 산사태가 일어날 가능성이 달라진다. 사면의 경사각이 크고 기복이 심할수록 산사태가 일어날 가능성은 커지는데, 특히 낙석이나 흙 사태, 토석류가 생길 가능성이 크다.

셋째, 산사태의 가능성은 물의 양에 따라서도 달라진다. 물은 직간접적으로 산사태에 항상 영향을 주기 때문에 다른 요소들보다 특히 중요하다. 비가 오면 물은 지반을 포화시키고 사면 아래쪽을 깎아내어 산사태가 일어날 가능성도 커진다. 또한 지하로 스며들어 적게는 수 개월에서 수 년이 흐른 후에 산사태를 일으키기도 한다.

바닷가에서 모래쌓기를 해본 사람이라면 물이 조금 젖은 모래로는 모래성을 잘 쌓을 수 있지만 물이 너무 많으면 모래가 금방 흘러내려버린다는 것을 알고 있을 것이다. 모래 표면만 적실 정도로 적은 양의 물은 표면이나 입자 사이의 점성을 증가시켜주지만, 물의 양이 많아지면 모래입자 사이를 물로 포화시켜 모래입자의 결합력을 떨어뜨리기 때문이다. 이 원리는 규모가 큰 암반의 경우에도 똑같다. 두 암반 사이의 공간이 물로 채워져 압력을 받으면 부력이 생성되므로 큰 바위들도 쉽게 들어 올려질 수 있어서 쉽게 미끄러져내린다. 결국 다른 외부 조건이 동일하다면 강우가 자주 발생하는 곳에서는 물의 양이 지나치게 많아져서 산사태의 발생 확률이 더 높아진다.

산사태를 일으키는 넷째 요인은 식물이다. 식물은 산사태가 일어날 가능성을 줄여주기도 하고 늘리기도 한다. 우선 비가 오면 식물이 있는 곳은 완충 지대를 형성하므로 비로 인한 충격이 덜하다. 마치 콘크리트의 철근처럼 지반을 단단하게 만들어 산사태의 가능성을 줄여준다. 그러나 반대로 지표수를 지하로 스며들게 하여 산사태가 일어날 가능성이 높아지기도 한다. 실제로 덤불 등 특정 식물이 뿌리로 물을 흡수하면 토양 간의 마찰력이 작아져 산사태가 일어날 가능성이 커진다. 경사가 급하거나 토양의 깊이가 얕은 경우에는 식물의 무게 때문에 산사태가 일어날 수도 있다. 특히 장마철에는 식물이 물을 많이 머금어 무거워지므로 산사태가 일어날 가능성이 더욱 커질 수도 있다.

이와 같은 요인들에 지진, 화산 분출, 도로 공사 등과 같은 외부의 충격이 가해지면 산사태가 일어날 가능성은 더욱 커지게 된다. 한편, 과거에 대규모 산사태가 일어났던 지역은 다른 지역보다 산사태가 일어날 가능성이 크다. 비록 과거에 일어났던 산사태로 인해 사면의 경사가 완만해졌다 하더라도 산사태가 일어났던 면을 따라 물이 쉽게 스며드는데다 지반이 단단히 고정되어 있는 것이 아니기 때문에 이런 지역들은 더더욱 주의를 기울여야 한다.

문제성 토양에는 어떤 것들이 있을까?

여러 요인들에 의해 산사태를 일으키는 정도가 달라지는 토양들을 문제성 토양이라고 한다. 점토를 포함하는 토양은 물을 포함하면 액체처럼 바뀌어 잘 흘러내리게 되는데 이를 액상화라고 한다. 토양의 종류에 따라서 액상화에 필요한 물의 양이 각각 다르다.

수분을 흡수하면 부피가 엄청나게 팽창하는 토양도 있다. 화산재가 풍화되어서 생기는 점토인 스멕타이트가 바로 그런 팽창 토양인데, 이 위에 건축물이 있을 경우 빵이 부풀어 오르듯 토양이 팽창해서 큰 피해를 입힐 수 있다. 반면에 토양이 건조해지면 부피가 크게 감소하는 압축 토양도 있다. 유기물을 많이 포함한 토양은 물로 포화되었다가 건조해지면 압축 작용이 일어나 지반이 침하된다.

입자가 아주 작은 해양 점토는 물을 포함하고 있다가 충격이 가해지면 물이 빠져나와 점토층이 액체처럼 흐르게 되는데 이런 현상이 잘 일어나는 점토를 퀵클레이(quick clay)라 한다. 노르웨이에서는 한 농부가 작은 창고를 지으려고 굴착기로 땅을 팠다가 퀵클레이 산사태가 발생해 일대 계곡이 완전히 흙으로 뒤덮인 사건이 있었다. 그러나 한번 붕괴된 퀵클레이는 안정되기 때문에 다시는 액체처럼 흐르지 않는다.

모래에서도 퀵클레이와 같은 현상이 나타난다. 처음 퇴적될 때는 입자 사이의 빈틈(공극)이 최대인 형태로 쌓여 있던 모래층이 지진과 같은 충격이 가해지면 모래 입자들이 무너지면서 입자 사이의 빈틈이 감소하게 된다. 이때 빈틈을 채우고 있던 물이 빠져나와 모래를 액체처럼 만들어 빠르게 흘러내리게 하는데 이러한 흐름을 퀵샌드(quick sand)라고 한다.

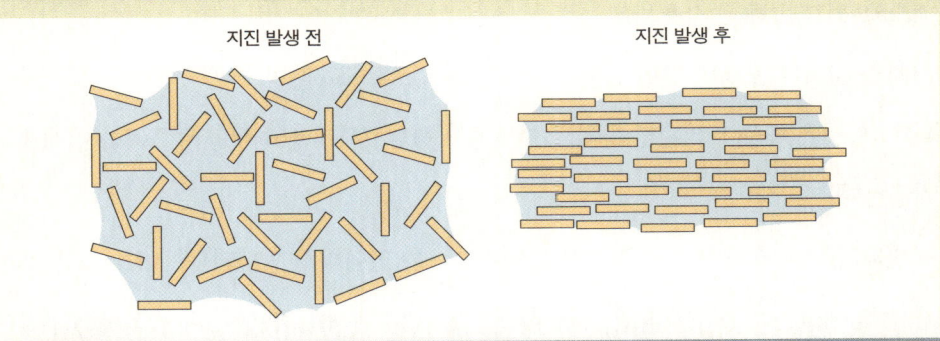

지진 발생 전   지진 발생 후

▲ 퀵클레이

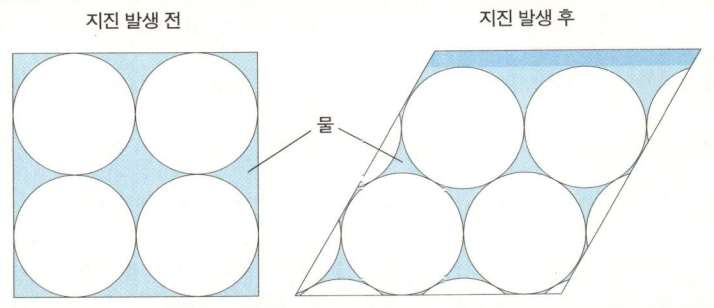

지진 발생 전   지진 발생 후

물

▲ 퀵샌드

05 ⊕ 한대기후와 해저에서의 사태

영구동토로 덮여 있는 한대 기후에서는 산사태가 특히 활발하다. 표토가 물로 포화되어 있다가 얼면 땅 표면을 들어 올리는 동결 융기 작용이 일어나는데 지표면이 녹을 때 다시 아래쪽으로 내려오게 된다. 반복적으로 동결과 해동 작용을 거치면 서서히 포행이 일어

▲ 동결 융기
빙하의 동결 융기 작용으로 토석류가 형성된 모습(미국 로키산).

난다. 이것은 매우 느리지만 고위도 지역에서 광범위하게 산사태를 일으키는 매개체로 작용한다.

한대기후 지역 중에서도 건조한 산악지대에는 암석빙하가 나타나는데 이것은 부서진 암석 쇄설물이 얼음과 혼합된 상태로 빙하처럼 이동하는 현상이다. 암석빙하는 일반적으로 암설의 기원지가 되는 가파른 사면 밑에서 발생하며, 활발한 암석빙하는 두께가 50m 또는 그 이상에 달하고 매년 약 5m씩 이동한다. 암석빙하는 스위스의 알프스, 아르헨티나의 안데스, 북아메리카의 로키 산맥과 같은 높은 산악지대에서 흔히 나타난다.

육지에서와 마찬가지로 호수나 물속에서도 경사진 곳에서는 퇴적물의 이동이 일어난다. 육지에서 바다로 운반되어 온 대부분의 퇴적물은 주로 수심이 얕은 바다인 대륙붕에 쌓인다. 지반이 지진이나 화산 활동, 또는 해일 등에 의해 충격을 받으면 퇴적물들이 대륙 사면을 따라 미끄러지면서 흙탕물이 생기는데 이를 저탁류라고 한다. 이 저탁

류가 해저 경사면인 대륙 사면의 해저 협곡을 통해 흘러 들어가 깊은 해저(대륙대)에 퇴적층을 형성한다. 경사가 1˚보다 더 작은 해양 삼각주에서도 사태가 발생할 수 있다.

06 🌐 산사태 방지를 위하여

산사태의 규모가 크다고 해서 반드시 인명 피해도 큰 것은 아니다. 선진국에서는 대규모 산사태가 발생했을 때 재산 피해는 크지만 인명 피해가 거의 없다. 반면에 경제적으로 낙후된 지역에서는 재산 피해보다 인명 피해가 큰 경우가 많다. 이것은 산사태 발생에 얼마나 철저히 대비했느냐의 차이다.

가장 좋은 것은 산사태 예보 시스템을 갖추는 것이다. 사람이 직접 다니면서 산사태 발생 가능 지역을 조사하는 것이 가장 확실한 방법이지만 악천후로 인한 어려움이 많아서 각종 기계장치들을 이용한다. 한 예로 토석류가 생기면 지반이 진동하므로 진동주파수를 찾아내는 음향유동감지기가 신호를 감지하고 사이렌을 울려 주민들을 대피시키는 방법이 있다. 이 장치는 현재 미국, 알래스카, 에콰도르, 필리핀 등지에서 활용되고 있다. 또, 미국의 철도는 담장에 전기 장치를 설치하여 낙석으로 담장이 파괴되면 신호를 보내 기차를 멈추게 하는 시스템이 있다.

산사태 예보보다 더 근본적인 방책은 산사태가 일어나기 전에 안전한 상태로 바꾸는 것이다. 우선, 물은 산사태를 일으

▲ **콘크리트를 이용한 옹벽 설치**
경사각이 큰 사면에는 콘크리트나 벽돌로 옹벽을 설치해 사면의 안전을 유지하는 방법이 있다. 옹벽은 경사면에 쌓인 물질들이 미끄러지는 것을 방지한다. ⓒ 시우건설

키는 중요한 요인이므로 배수를 잘 통제해야 한다. 지표로 스며드는 물은 콘크리트나 아스팔트 등으로 방지하고 임시방편으로 비닐을 덮기도 한다. 이미 스며든 지하수는 배수시설을 이용해 강제로 빼내는데, 구멍을 낸 배수관을 땅속에 묻어 지하수를 밖으로 배출한다.

또, 사면 아래쪽의 토양이 깎이면 사면의 경사각이 커져서 산사태가 일어날 가능성이 커지므로 사면을 안전하게 유지하기 위해 옹벽을 설치하기도 한다. 옹벽은 콘크리트나 벽돌을 이용하거나 철사로 만든 바구니에 돌을 넣은 돌망태를 이용하기도 한다. 그러나 콘크리트나 시멘트로 옹벽을 쌓을 경우, 동식물의 서식을 방해하거나 환경 파괴의 우려가 있고 배수 구멍이 막힐 경우 수압이 높아져 붕괴될 위험도 있다. 이러한 점을 보완하기 위해 최근에는 친환경공법이 많이 쓰인다. 친환경공법은 배수 블록을 설치하여 지반 내에 생기는 물을 안전하게 배수시키고, 표면에는 식물을 심어 보기 좋게 할 뿐만 아

▲ 친환경공법에 의한 산사태 방지
사면이 미끄러지지 않도록 배수시설이 포함된 판으로 경사면을 고정시킨 후 식물을 심어 동식물의 서식을 돕는다.
ⓒ 시우건설

니라 동식물의 서식에도 피해가 가지 않도록 한다. 또, 토양층이 점점 퇴적암처럼 굳어

져 반영구적으로 안정된 사면을 이룰 수 있다.

한편, 계곡 사이를 흘러내려온 산사태 물질 때문에 산사태의 피해가 더욱 커질 수 있다. 이를 대비하기 위해 설치하는 것이 사방댐이다. 사방댐은 저수댐과는 달리 아래쪽에 물빼기 구멍을 설치하여 댐 안에 물이 고이지 않고 계속 흘러가게 하는 시설이다. 산사태가 일어날 경우 물만 흘러내려가게 하고 나무나 바위는 댐에 걸리게 하여 더 이상의 피해를 방지한다. 사방댐은 내려오는 토석류의 충격을 견딜 수 있을 만큼 튼튼하게 지어야 한다. 사방댐은 대형댐에 비해 공사가 훨씬 쉽고 비용도 저렴하여 세계적으로 선호하는 추세다.

그렇다면 어떤 지역이 산사태 위험지역일까? 점토나 이암 등 지반이 약한 사면은 일단 위험지역이라 할 수 있다. 초승달 모양의 균열이 있는 곳, 혀 모양처럼 발달하는 토질과 암반이 있는 곳, 낙석이나 테일러스가 있는 절벽 아래 지역, 식물이 교란되었거나 자라지 않는 지역, 기반암이 사면과 평행하게 발달하는 지역, 불규칙한 표면이 있는 지역은 과거에 산사태가 일어났거나 앞으로 일어날 가능성이 있는 곳이다. 따라서 이러한 곳을 발견하면 산사태를 방지할 수 있도록 사면을 설계하고 산사태 가능성을 주민들에게 알려 대비할 수 있도록 조처해야 한다.

🔍 평소 우리가 해야 할 일들

집의 벽에 금이 가 있는지, 문이 기울어져 있는지, 근처 옹벽에 균열이 있는지 등을 조사하고, 하수관이 새거나 전봇대가 기울어져 있지는 않은지 포행의 증거들도 찾아본다. 또한 특정한 지역에 물이 지속적으로 고여 있다면 지하수 유입으로 인한 것인지를 알아보고 적절한 배수 방법을 찾아본다.

유형문화재가 된 일본의 산사태 예방다리

일본 나가노 현 마쓰모토 시의 우시부세 강은 옛날부터 비만 오면 강물이 넘치고 산사태가 일어
나는 지역이었다. 산사태를 막기 위해 일본 정부에서는 곳곳에 사방댐을 설치했지만 계속 산사
태가 일어났다.

대책 마련에 고심하던 나가노 현은 급기야 산사태 방지 기술이 앞선 프랑스에 건축가와 관계자
들을 보냈고, 그들의 연구로 돌계단식 사방댐을 설치하게 되었다. 돌계단식 사방댐을 설치한 이
후로는 산사태로 인한 피해가 더 이상 일어나지 않았고 당국에서는 이 댐을 유형문화재로 등록
해 관리하는 중이다.

그렇다면 이 다리의 어떤 부분이 산사태로 인한 피해를 막아주는 것일까? 우선 돌계단을 들 수

▲ **일본의 사방댐**
돌계단과 돌기둥, 들보 등을 설치하여 산사태의 피해를 줄여 유형문화재가 된 일본의 돌계단식 사방댐.　ⓒ 한겨레

있다. 돌계단을 내려오면서 물과 토석류의 유속이 느려져 하류에서 입을 피해를 줄여준다. 또 강바닥에 세워놓은 돌기둥과 들보(둑)는 상류에서 흘러내려오는 큰 돌들이 하천바닥을 긁어내어 훼손시키는 것을 막아준다. 교각 주위의 흙이 패이면 교각이 무너져 다리가 붕괴될 위험이 커지므로 강바닥을 훼손시키지 않도록 하는 것은 매우 중요하다.

우리나라에서도 산사태를 막기 위해 무분별하게 사방댐만을 설치할 것이 아니라 강이나 계곡의 특징을 파악하여 적절한 예방책을 찾는 것이 무엇브다도 필요하다. 한강 가장자리를 경사지게 하고 경사면에 돌기를 설치한 것도 홍수 때의 강물 속도를 늦춰 피해를 줄이기 위한 방편이다.

TYPHOON

SURGE

HURRICANE

3교시
지구 환경 탐사

TORNADO

EARTHQUAKE

LIGHTNING

천 재 지 변 탐 사 학 교

CHAPTER 07 **지구 온난화**

CHAPTER 08 **대기오염**

CHAPTER 09 **물 부족**

 관 련 단 원

CHAPTER 07 지구 온난화
중학교 과학3 : 대기의 성질과 일기 변화
고등학교 지구과학1 : 지구 환경의 변화, 날씨의 변화
고등학교 지구과학2 : 해류와 해수의 순환

CHAPTER 08 대기오염
중학교 과학3 : 물의 순환과 날씨의 변화
고등학교 과학 : 일기의 변화, 환경
고등학교 지구과학1 : 지구 환경의 변화
고등학교 지구과학2 : 대기의 운동과 순환, 환경오염

CHAPTER 09 물 부족
중학교 과학1 : 지각의 물질, 해수의 성분과 운동
중학교 과학3 : 물의 순환과 날씨 변화
고등학교 과학 : 대기와 해양
고등학교 지구과학1 : 대기와 해양의 변화, 지구의 과거와 미래
고등학교 지구과학2 : 해류와 해수의 순환

GLOBALWARMING

CHAPTER

07

─── 지구 온난화 ───

최근 100년 동안 지구 기온은 지속적으로 상승하고 있으며 특히 1990년대 이후 온난화가 급속히 진행되고 있다. 지구 온난화는 대량 제품 생산 및 소비, 교통수단의 발달, 열대 우림 지역의 파괴 등 사람의 활동에 의한 인재나 다름없다. 지구 온난화의 원인은 무엇이며, 이를 막으려면 어떻게 해야 할까?

01 🌐 더워지는 지구

북극의 빙하가 녹고 갈라지는 등 계속해서 줄어들면서 북극곰이 작은 얼음 덩어리에 아슬아슬하게 의지하고 있는 모습을 뉴스에서 본 적이 있을 것이다. 또, 날개를 펴면 빨간 몸통이 보이는 중국 매미(주홍날개꽃매미)를 본 적이 있을 것이다. 중국 매미는 나방처럼 보이지만 우리나라의 기온이 높아지면서 정착한 매미다. 한편, 바닷물의 온도가 높아지면서 지구촌 곳곳에 태풍의 피해가 커지고 있다. 현재와 같은 지구 온난화 현상이 지속되면 21세기 말에는 지구의 평균 기온이 약 3˚C 올라갈 것이라고 한다.

지구의 기온이 올라가지 않도록 지구를 보호하는 것이 대기권의 역할이다. 대기권은 지구의 온도를 일정하게 유지시켜줄 수 있다. 우리가 지구에 태어난 것이 참으로 큰 행운임은 분명하다. 지구와 가까운 곳에 있는 달은 크기와 중력이 너무 작아서 공기가 다 달아나버렸고, 지구와 쌍둥이처럼 크기가 비슷한 금성은 태양에 너무 가까이 있어서 이산화탄소가 금성을 덮어버렸다. 생명체가 숨쉬기에 이토록 적합한 공기를 가진 곳이 지구 말고 또 어디 있을까?

대기권에 대해 좀 더 자세히 알아보자. 지구를 둘러싼 대기권의 높이는 약 1,000km이고 대기의 75%는 약 10km 높이의 대류권에 밀집해 있다. 공기는 질소와 산소의 부피비가 99%이고 아르곤과 이산화탄소의 부피비는 0.9%다. 나머지 0.1%를 일산화탄

성분	분자식	분자량	비율(%)	
			부피비	질량비
질소 분자	N_2	28.01	78.088	75.5270
산소 분자	O_2	32.00	20.949	23.1430
아르곤	Ar	39.94	0.930	1.2820
이산화탄소	CO_2	44.01	0.030	0.0456

공기의 종류와 비율

소, 네온, 헬륨, 메탄, 크립톤, 일산화질소, 수소, 오존이 차지하고 있다. 지상에서는 이 비율이 일정하게 유지되지만 100km 이상의 높이에서는 성분 구성비가 달라진다. 높이 올라갈수록 가벼운 기체가 많아지기 때문이다. 고도가 170km 이상인 곳에서는 산소가 공기의 주성분이 되고, 1,000km 고도에서는

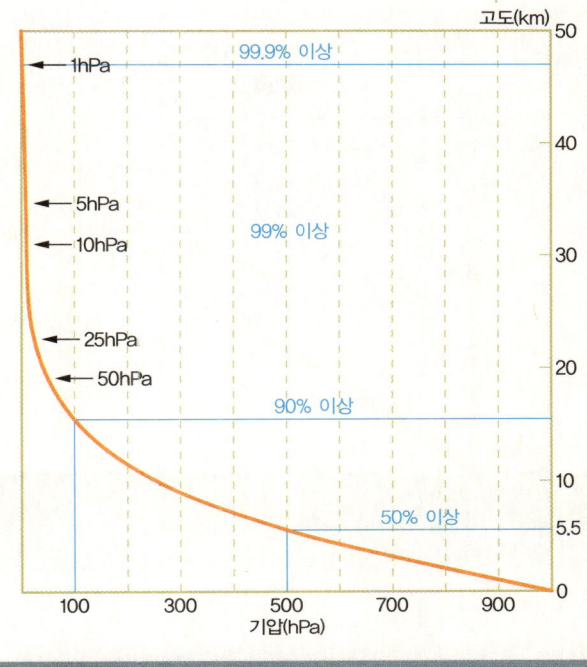

▲ 높이에 따른 기압 변화

헬륨이 많아지고 헬륨층 위에는 가장 가벼운 수소가 대부분을 차지한다.

02 ⊕ 온실효과란 무엇일까?

지구의 온도는 약 300K인데 비해 태양의 표면온도는 6,000K나 된다. 태양은 표면온도가 높아서 태양광선은 감마선, X선, 자외선, 가시광선, 적외선, 전파 등 모든 파장의 빛을 포함한다. 그 중 감마선과 X선은 지구의 생명체에 큰 위협이 되지만 다행히도 지구 대기권이 감마선과 X선을 흡수한다. 자외선과 적외선도 비슷하다. 자외선은 20~30km 높이의 오존층에서 주로 흡수되고 일부만 지표면에 도달하며, 적외선은 대부분 온실가스에 의해서 흡수된다. 태양광선 중 지표면까지 도달하는 것은 주로 가시광

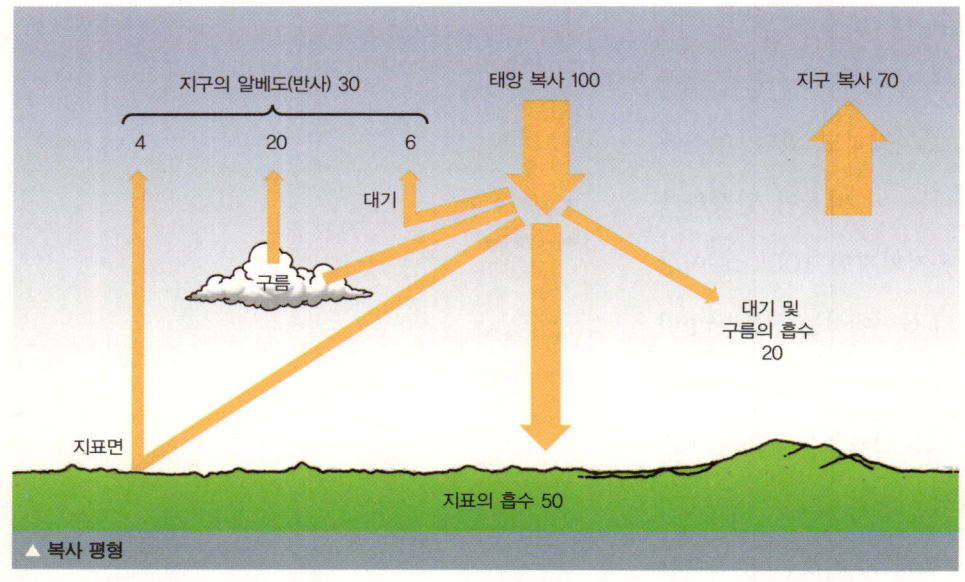

지구는 태양 복사 에너지의 70%를 흡수하고 30%는 반사한다. 그리고 흡수한 70%를 지구 복사 에너지 형태로 방출한다. 흡수한 에너지와 방출한 에너지가 같으므로 기온은 일정하게 유지된다.

선과 전파다.

결국 태양 복사 에너지의 20%는 대기층에, 50%는 지표면에 흡수되고, 나머지 30%는 구름과 지표면에서 반사해서 지구에 흡수되지 못한다. 그리고 대기층과 지표면에 흡수된 태양 복사 에너지의 70%는 지구 복사에 의해 대기권 밖으로 방출되어 복사 평형을 이루므로 지구 온도는 일정하게 유지될 수 있다.

그런데 지구를 감싼 1,000km 두께의 대기권이 없었다면 아마도 지구의 평균 기온은 지금의 15°C보다 더 낮았을 것이다. 비닐하우스를 생각해보자. 비닐하우스 농법으로 추운 겨울에도 수박과 딸기, 참외를 먹을 수 있듯이 비닐이나 유리로 보호막을 만들면 공기가 온실 안에 머물 수 있다. 온실 안의 공기는 열을 보존하고 밖으로 열을 잘 내보내지 않으며, 투명한 비닐이나 유리는 햇빛을 잘 들어오게 하므로 온실 안은 매우 따뜻하다. 마찬가지로 대기권은 가시광선은 잘 통과시키지만 적외선은 통과시키지 않고 흡수한다. 다시 말해 태양에서 들어오는 가시광선은 대기권을 통과해 지표면에 도달하

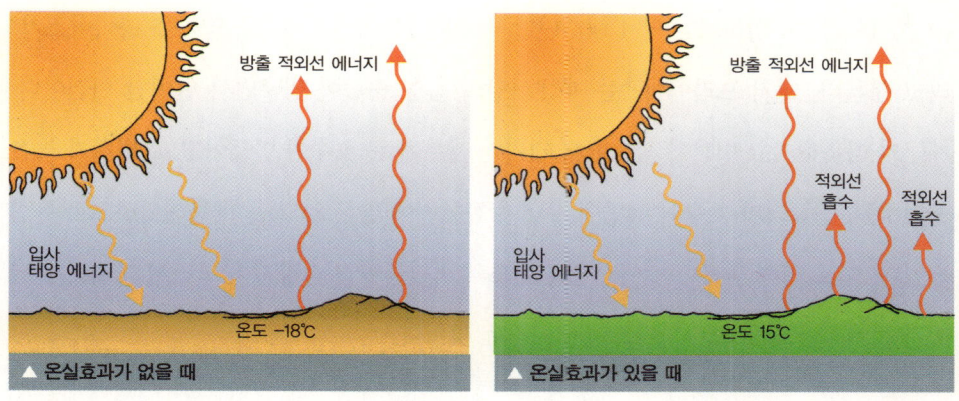

입사 태양 에너지 / 방출 적외선 에너지 / 온도 -18℃ / ▲ 온실효과가 없을 때

입사 태양 에너지 / 방출 적외선 에너지 / 적외선 흡수 / 적외선 흡수 / 온도 15℃ / ▲ 온실효과가 있을 때

지표에 흡수된 에너지는 대기권이 없다면 우주로 방출되어 에너지 보존 효과가 발생하지 않지만 대기권이 있을 때는 대기 중에 일부가 흡수된다.

지만 지구에서 방출하는 적외선은 대기권을 통과하지 못하므로 역시 지표면에 머물게 된다. 지구의 적외선 복사 에너지가 갇혀져 대기권의 하부에는 에너지가 쌓이고 지표의 온도가 올라간다. 이러한 현상을 온실효과 또는 대기효과라고 한다. 즉, 온실효과에 의해 지구의 기온은 15℃ 정도가 되는 것이고, 복사 평형에 의해 그 기온이 일정하게 유지되는 것이다.

그러나 최근 들어 급격하게 기온이 상승하는 이유는 대기 중에 온실가스가 늘어났기 때문이다. 자세한 내용은 뒤에서 다시 살펴보자.

03 🌐 과거의 기후 변화

1만 8,000년 전에는 지금보다 약 4℃ 낮은 빙하기였다. 빙하가 발달했기 때문에 당시 해수면의 높이는 현재보다 125m 낮았고, 현재 수심이 100m 이하인 황해에는 바닷물이 없어서 중국과 우리나라가 육지로 연결돼어 있었다. 이후에 거의 일정하던 기온이 1만 4,000년 전부터 상승하다가 1만 1,000년 전 평균 기온이 급격히 낮아지는 빙하기가 찾아왔다. 이 빙하기는 약 1,000년간 지속되었는데, 이 시기를 영거 드라이아스기*라고 부른다. 영거 드라이아스는 북대서양의 심층 순환이 멈추면서 일어난 사건이다. 지구가 따뜻해지고 빙하가 녹으면서 캐나다 서부에 큰 호수가 만들어졌고, 빙하가 녹은 물이 계속 공급되자 호수의 제방이 무너져 한꺼번에 많은 양의 물이 북대서양으로 유입되었다. 이로 인해 염분이 낮아진 그린란드의 바닷물이 가라앉지 않으면서 북대서양 난류가 정지되어 영거 드라이아스기가 시작된 것이다.

심층 순환

바다의 심층 순환도 지구의 기온을 일정하게 유지시키는 데 중요한 역할을 한다. 대서양의 그린란드 주변에서는 저위도에서 올라온, 수온과 염분이 높은 난류인 멕시코 만류가 냉각된다. 멕시코 만류는 염분이 많은 상태에서 냉각되면서 수온이 낮아지므로 밀도가 매우 높아진다. 높은 밀도 때문에 그린란드 주변에서 해저 깊숙이 가라앉은 바닷물은 대양의 심층을 따라 남대서양으로 흘러가며 남극 대륙에서 인도양, 남태평양, 북태평양을 거쳐 다시 남태평양, 인도양, 남대서양, 북대서양으로 흐르는 심층 순환을 이룬다. 한편, 남극 대륙 주변의 웨들 해에서는 겨울철에 바닷물이 어는 과정에서 바닷물에 들어 있던 염류들이 빠져나와 수온은 낮고 염분은 높은, 세계에서 가장 밀도가 큰 바닷물이 만들어진다. 이 바닷물은 가장 깊이 가라앉아 저위도로 이동하여 저위도의 바닷물을 냉각시키는 역할을 한다.

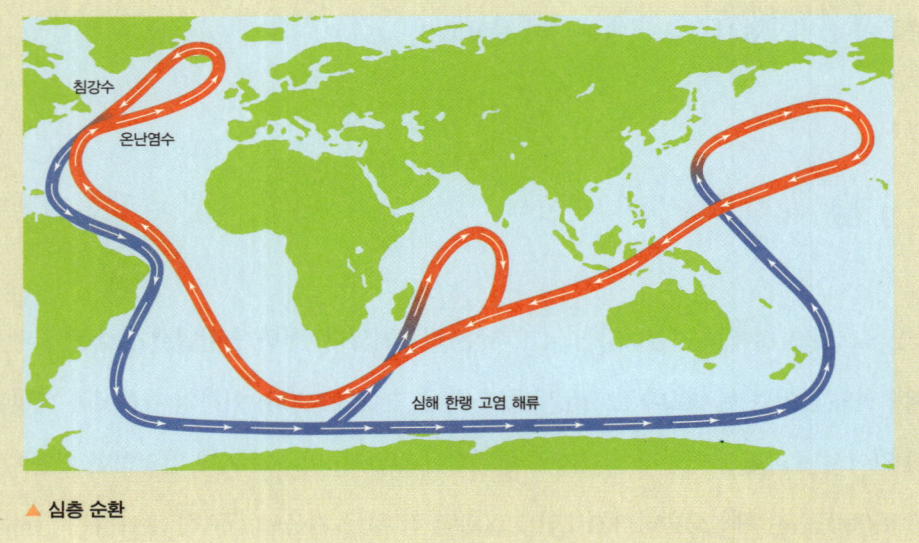

▲ 심층 순환

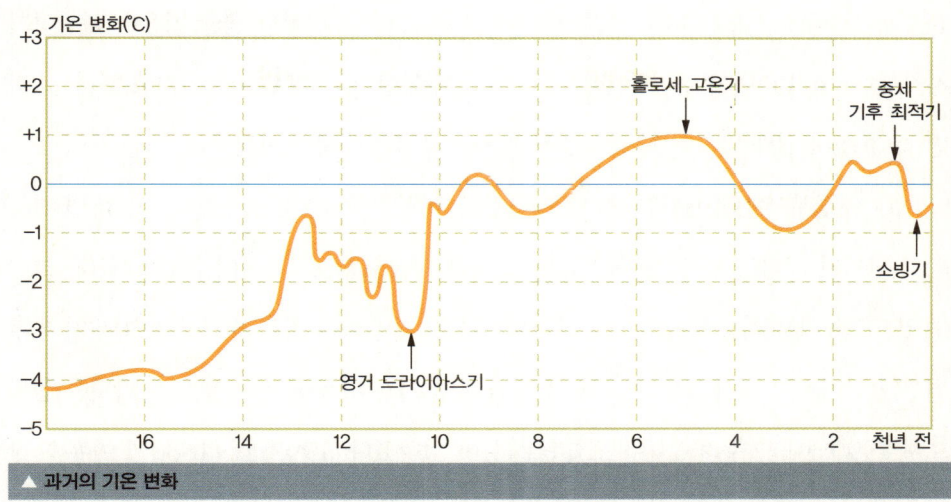

이 시기가 지나고 1만 년간은 기온이 약 1˚C 내외의 적은 변화를 보이며 거의 일정했다. 5,000년 전에는 현재보다 약 1˚C 높았는데, 이 시기는 현 간빙기 중 기온이 가장 높은 시기에 해당하며 홀로세 고온기라고 한다.

약 1,200년 전의 북반구는 비교적 따뜻하고 건조했다. 이 시기에 영국에서는 포도 재배가 잘 되었고 여름은 덥고 건조했으며 봄은 춥지 않았다. 바이킹족은 그린란드 남쪽 연안과 아이슬란드에서 살며 사냥과 낚시를 하고, 긴 여름 햇살에 무성하게 자라는 풀을 이용해서 양을 키우며 살았다. 기원 후 800년부터 1200년까지 약 400년간 기온이 현재보다 조금 높은 상태가 지속되었는데 이 시기를 중세 기후 최적기라고 부른다. 1200년경의 기온 하강에 의해 추운 겨울이 지속되고 서리가 내리는 날이 많아져 영국의 포도원과 그린란드 남부의 바이킹 정착촌이 큰 피해를 입었다. 바이킹족들은 항로가 얼어붙고 농사가 불가능해 식량이 부족해지자 상대적으로 따뜻한 스칸디나비아 반도 남쪽 연안으로 이주했다. 1400년에서

영거 드라이아스기 드라이아스(dryas)는 고위도 고산지대와 같은 추운 곳에 서식하는 담자리꽃이다. 중위도에서 살던 드라이아스가 지구 기온이 상승하면서 서식지가 북쪽으로 이동하다가 지구 기온이 낮아지면서 중위도에 다시 번성하게 되어 영거 드라이아스(younger dryas)기라고 한다. 지구 기온이 무려 3˚C나 내려가 많은 생물이 멸종했던 시기다.

1500년 사이에 기후는 다시 온화해졌다가 1550년대 중반부터 평균 기온이 하강하기 시작했다. 약 300년간 평균 기온이 약 0.5℃ 낮았던 이 시기를 소빙기라고 한다. 그러던 것이 1800년대 말부터 지구의 평균 기온은 다시 상승하기 시작했다.

1900년경부터 1940년경까지 지구의 평균 기온은 약 0.5℃ 상승했다. 1945년 전후의 온난기가 지나고 1950년부터 1975년까지 약 25년간은 기온이 약간 낮았다. 그리고 1975년 이후 지구의 평균 기온은 지속적으로 상승하여 최근 수년간은 20세기 이후 최고 온난기를 기록하고 있다. 지난 120년 동안 가장 평균 기온이 높았던 15년을 꼽아 보니 1990년대가 무려 6회나 포함된 사실이 밝혀졌다. 1997년은 1880년 이후 가장 더운 해였고, 1998년은 지난 120년 동안 가장 평균 기온이 높았던 해다. 최근 100년에 걸쳐 지구의 평균 기온은 약 0.7℃ 상승한 것으로 나타나 지구 온난화가 진행되고 있음을 알 수 있다.

과거에는 해양 관측소가 드물었다는 것과 도시의 열섬 현상에 의해 인공적으로 기온이 상승할 수 있다는 점을 감안하더라도 최근 100년간의 기온 상승폭은 0.3~0.7℃나 된다. 0.3~0.7℃ 상승한다는 것은 매우 작은 폭처럼 보이지만, 최근 1만 년 동안의 기

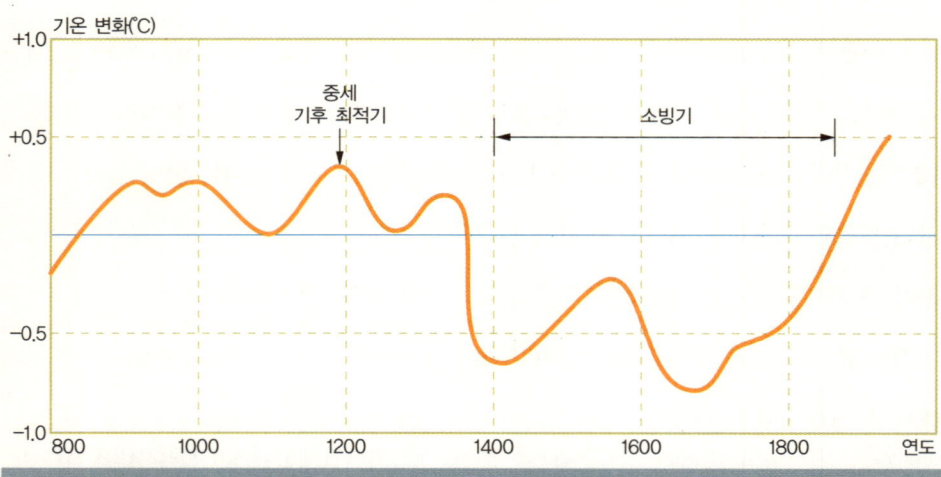

▲ 800년경부터 현재까지의 기온 변화

온 변화가 1.5˚C 미만에 불과한 것을 고려할 때 100년 동안 0.3∼0.7˚C의 변화는 매우 큰 변화임을 알 수 있다.

> **과거의 기후를 알아내는 방법**
>
> 과거의 기후를 알아내기 위해서는 빙하의 위치 변화 연구, 해저 퇴적물의 시추 및 분석, 남극과 그린란드 빙하의 시추 및 분석 등의 방법이 이용된다. 예를 들면 뉴잉글랜드의 1만 2,000년 전 퇴적층에서 발견된 툰드라 식물의 꽃가루 화석은 이 지역이 1만 2,000년 전에는 지금보다 훨씬 추웠다는 증거가 된다.
>
> 또, 바닷물의 산소동위원소 비율이 변화했으므로 바다에서 반성한 탄산칼슘 성분으로 된 생물체의 껍질을 분석하면 당시의 수면 온도를 알 수 있다. 바닷물을 이루는 산소의 핵은 8개의 양성자와 8개의 중성자를 갖고 있으므로 산소의 원자량은 16이다. 그러나 산소 원자 약 1,000개마다 1개의 비율로 10개의 중성자를 갖는 산소 원자가 있는데, 이 산소 원자의 원자량은 18이다. 바닷물의 수온이 상승하여 증발이 활발해지면 더 무거운 산소가 바닷물에 남으므로 원자량 18인 산소의 비율이 증가한다. 해양 생물의 탄산칼슘으로 된 껍질 속에도 원자량 18인 산소의 비율이 높아지기 때문에 이 껍질을 분석하여 과거의 수온을 알아낼 수 있다.
>
> 만년설이 10m 이상 쌓이면 그 압력에 의해 눈이 얼음으로 변한다. 이때 눈 속에 있던 과거의 공기도 얼음 속으로 들어간다. 얼음 속에는 얼음 부피의 10분의 1에 해당하는 부피만큼 공기가 들어 있다. 과거의 공기를 포함하고 있는 두꺼운 얼음층은 그린란드, 남극 대륙에 분포한다. 그 중 남극의 보스톡 기지에서 얻은 빙하 시추 자료는 3,700여m 깊이의 시추 자료다. 이 시추 자료 속에 들어 있는 공기로부터 약 40여 만 년 전부터의 이산화탄소 농도 변화를 추적할 수 있었다. 그 결과 40여 만 년간 이산화탄소 기체는 약 200ppm에서 280ppm 사이로 여러 번 크게 변화를 반복해왔음을 밝혀냈고, 이로부터 지난 40여 만 년간 약 네 번의 빙하기가 있었다는 사실을 알아낼 수 있었다.

04 ⊕ 위기 인식의 역사

체계적인 전 지구적 관측은 유엔이 '국제지구물리의 해'라고 이름 붙인 1957년부터 시작되었다. 그 해 남극 헬리 만에서 오존 관측을 시작한 영국의 남극 관측팀은 1985년 남극 상공에서 오존 구멍을 발견했다. 그로부터 3년이 지난 1988년에는 강력한 엘리

뇨 현상에 의해 전 세계적으로 홍수, 가뭄, 산불, 태풍이 발생했다. 1988년 6월 미국 상원에서는 '온실효과와 기후 변화에 대한 제1차 공청회'를 열고, 미 항공우주국 NASA의 한센, 프린스턴 대학교의 마나베, 우즈홀 해양연구소의 우드웰 등 미국을 대표하는 기상학자들을 불러 기후 변화에 대한 의견을 청취했다. 특히 한센은 지난 100여 년의 전 지구적 온도 자료를 토대로 지구가 온난화되고 있음을 주장해, 공식석상에서 처음으로 '지구 온난화' 문제를 제기했다. 이후 전 세계 매스컴에서 '지구 온난화'라는 말을 거듭 다루기 시작했고, 1988년 미

▲ **올해의 행성, 지구**
타임지의 표지에는 끈으로 묶은 지구 모형 사진이 실렸고 '멸종 위기의 지구'라는 부제가 붙었다.

국의 《타임》지는 '올해의 사람' 대신 지구를 '올해의 행성'으로 선정하기까지 했다.

　같은 해 세계기상기구 WMO는 유엔환경계획 UNEP과 함께 기후 변화의 진실을 밝히려는 과학자들의 모임인 유엔정부간기후변화위원회 IPCC를 발족시켰다. IPCC는 전 지구적인 관측자료를 바탕으로 지구 문제를 연구하여 2001년 지구 온난화를 경고하는 3차 보고서를 발표했다. 보고서는 지구의 기온이 지난 120여 년 동안 0.6℃ 더워진 확실한 증거가 있으며, 평균 해수면이 20세기 들어와 0.1~0.2m 상승했으며, 지난 50여 년 동안 관측된 대부분의 지구 온난화가 사람들의 활동에 의한 대기 중 온실가스의 증가에 의한 것이며, 그 분명한 증거들이 있다고 주장했다. 또한 21세기 후반이면 지구의 기온이 1.4~5.8℃ 정도, 해수면은 0.09~0.88m 정도 상승할 것으로 전망해 많은 사람들에게 충격을 던져주었다. 지구 온난화가 자연 발생적인 것인지 인간 활동에 따른 것인지 논란이 많았으나 IPCC 3차 보고서는 인간 활동이 90% 이상의 원인이 된다고 구체적인 수치로 확인해주었다.

05 ⊕ 온실가스의 정체를 밝혀라

그렇다면 지구 온난화의 중요한 원인이 되고 있는 온실가스란 무엇일까? 앞에서도 보았듯이 지구의 대기는 열 보존 효과가 있어서 급격한 기온 변화를 막아준다. 대기 중에는 질소, 산소, 아르곤뿐만 아니라 적은 양의 다양한 기체들이 포함되어 있는데, 바로 이 적은 양의 다양한 기체들 중에 온실가스가 있다. 대표적인 기체로는 이산화탄소(CO_2), 메탄(CH_4), 아산화질소(N_2O), 염화불화탄소(CFC_3), 오존(O_3)이 있다. 그 중에서도 지구 온난화에 가장 큰 영향을 주는 기체는 이산화탄소이며, 지표 공기에서 차지하는 부피비도 가장 많아서 366ppm*에 이른다.

이산화탄소의 농도는 와트의 증기기관 발명 이후인 1700년대 중반을 기점으로 증가하기 시작했다. 전 세계적으로 대량 생산, 대량 소비 시대에 들어서면서 화석 연료 사용량이 급증하고 산림 벌목이 늘었기 때문이다. 산림은 이산화탄소를 흡수하는 지구의 허파와 같은 역할을 한다. 산림 벌목에 의한 이산화탄소 흡수 효과의 감소와 석유, 석탄과 같은 화석 연료의 연소로 이산화탄소의 농도는 급속도로 증가하여 산업혁명 이전의 280ppm에서 366ppm까지 늘어났다. 산업혁명 이전에 1,000년 동안 280ppm을 유지했던 것을 고려할 때, 지금까지 불과 200년 만에 80ppm 이상 늘었다는 것은 놀라운 상승폭이다.

메탄은 상대적으로 낮은 농도인 1.72ppm이지만, 이산화탄소보다 25배 이상의 적외선 흡수 효과를 갖고 있어서 온실효과는 큰 편이다. 1960년 이후 측정한 대기 중 메탄의 농도는 매년 1.1%씩 증가하고 있는데, 이는 인구 증가에 따른 가축수의 증가와 쌀 경작지 면적의 증가가 원인이다.

지구 온난화의 또 다른 주범인 프레온 가스는 CFC-11과 CFC-12가 있다. CFC-11

ppm 공기 중에서 차지하는 부피비는 100만 분의 1(part per million, ppm) 단위로 측정한다.

온실가스 분석					
구분	이산화탄소 (CO$_2$)	메탄 (CH$_4$)	아산화질소 (N$_2$O)	염화불화탄소 (CFCs)	오존 (O$_3$)
인위적 발생원인	화석연료 연소 산림 벌목	가축 화석연료 연소 나무 및 풀의 연소	비료 토지 이용 변환	냉매	자동차 배기 가스
대기순환 주기	50~200년	10년	150년	60~100년	수 주일~수 개월
지표 부근 부피비(ppm) 현재	366	1.72	0.31	0.00076	0.02~0.04
지표 부근 부피비(ppm) 산업화 이전	280	0.79	0.288	0	0.01
연 증가 비율	0.5%	1.1%	0.3%	5%	0.5~2%
연 증가 비율에 의한 상대적 온실효과	60%	15%	5%	12%	8%

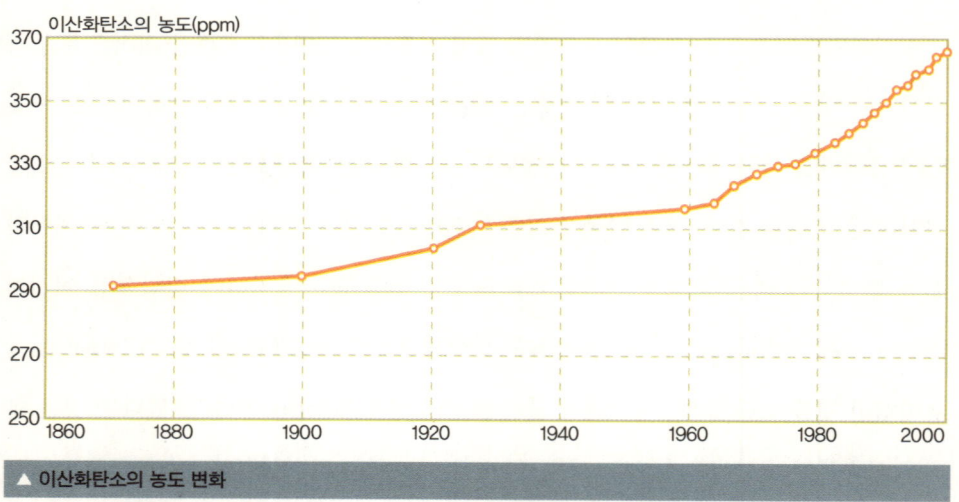

▲ 이산화탄소의 농도 변화

은 주로 스티로폼과 스프레이 제조에 이용되며 이산화탄소보다 1만 7,500배의 적외선 흡수 효과가 있다. CFC-12는 주로 냉매로 이용되며 이산화탄소에 비해 2만 배의 적외선 흡수 용량을 가진다. 프레온 가스는 대기 중에 매년 5%씩 그 비율이 증가하고 있다.

아산화질소 가스도 매년 0.3%씩 증가하고 있으며 온실효과에 미치는 영향은 5%를 차지한다. 오존 가스도 매년 0.5~2%씩 증가하고 있으며 온실효과에 미치는 영향은

8%이다. 아산화질소가 증가하는 것은 비료 사용량과 자동차 배기가스 배출량이 늘어나기 때문이며, 오존 가스의 증가 원인은 자동차 배기가스 배출량의 증가다.

> **탄소의 배출과 이동**
> 이산화탄소 분자는 1개의 탄소와 2개의 산소가 결합된 기체다. 이산화탄소의 양을 계산할 때는 산소를 제외한 탄소의 질량으로 계산하는 것이 편리하므로 탄소의 질량으로 나타낸다. 현재 탄소 배출량은 연간 80억t이다. 전 세계 인구가 60억 명이니 한 사람당 1년에 약 1.3t의 탄소를 배출하는 꼴이다. 화석 연료를 연소할 때와 시멘트를 만들 때 발생하는 탄소가 연간 63억t, 산림 벌채 및 열대 지역의 화전 농업 등에 의해 발생하는 양이 연간 17억t이다. 그리고 배출된 탄소는 육상식물에 연간 24억t, 바다로 연간 23억t이 유입되므로, 대기 중으로는 연간 33억의 탄소가 배출된다. 바로 이 33억t이 지구 온난화의 주범이다.

06 ⊕ 이산화탄소와 온실효과

온실가스의 증가가 지구 온난화로 이어진다는 주장에 반대하는 의견도 있다. 온난화에 따라 기온이 상승해 전 지구적으로 증발이 촉진되면 구름이 많이 생성될 것이고, 구름은 태양 에너지를 반사하므로 지표면의 공기를 냉각시키는 효과가 있다는 것이다.

기후 연구는 다양한 가설이 존재할 수밖에 없는 영역이지만, 지구 온난화에 관해 몇 가지 확실하게 입증된 사실도 있다. 첫째, 인간의 활동으로 이산화탄소와 미량 기체들의 대기 중 농도가 늘어났으며, 이는 온실효과를 더욱 부채질했다. 둘째, 지난 100년 동안 전 지구적으로 지표면 공기의 평균 기온이 0.7°C 올라갔다. 온실가스의 방출량이 변하지 않는다고 가정하면, 다음 100년 동안 지구의 평균 기온은 10년마다 0.3°C씩 올라갈 것이다. 2025년에는 지구의 평균 기온이 현재보다 1°C 더 올라갈 것이며, 21세기 말이 되면 지금보다 3°C는 더 올라갈 것이다. 각국의 정부들이 온실가스 방출량을

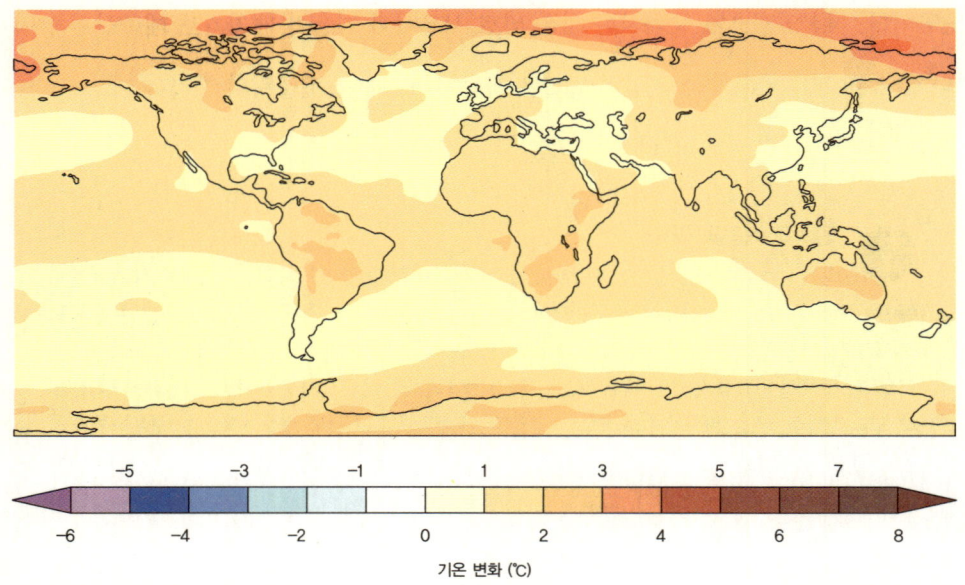

기온 변화 (℃)

▲ 대기대순환 모델로 예측한 연평균 기온 변화

이산화탄소가 현재보다 2배로 증가한다면 지구 전체적으로는 기온이 상승하는 것으로 예측되었으며 특히 북극 지역의 온도 상승이 뚜렷하다.

규제한다면 10년 단위의 온도 상승률을 0.1℃에서 0.2℃ 수준으로 유지할 수는 있다. 그러나 계속 온실가스 방출과 관련된 기온 상승은 인류 역사상 그 어느 때보다도 크고 빠를 것이다.

　대기대순환 모델*로 시뮬레이션을 해보니 대기 중 이산화탄소의 농도가 현재보다 2 배 증가할 경우 겨울철과 여름철의 온도가 상승하고 위도에 따른 연평균 기온도 상승하는 것으로 나타났다. 겨울철에는 특히 북극 주변의 고위도 지방에서, 여름철에는 남극 부근의 고위도 지방에서 기온 상승이 뚜렷할 것으로 예상되었고, 위도에 따른 연평균 기온은 남극보다 북극 주변의 고위도 지방

대기대순환 모델 AGCM(Atmospheric General Circulation Model). 미국과 영국에서 개발된 대기대순환 모델은 공기의 움직임을 컴퓨터를 활용하여 수치로 표현한다. 대기대순환 모델은 날씨 예측을 위해 개발된 컴퓨터 프로그램을 발전시킨 것으로, 전 지구 차원의 대기대순환을 모사하여 대기 연구, 장기 기후 예측에 쓰이고 있다. 실제 지구 대기대순환을 모사할 수 있을 뿐 아니라 다양한 조건에 따른 기후 예측도 가능하다.

에서 기온 상승이 더 클 것으로 나타났다.

07 🌐 지구 온난화가 초래할 미래

지구의 기온이 올라가면 해양, 호수, 하천의 증발량이 많아지고 이에 따라 강수량도 늘어난다. 또, 지구의 기압 배치가 변하면서 적도 지역에서는 홍수 피해가, 중위도의 내륙지방은 온난건조해지면서 가뭄 피해가 극심해진다.

지구 온난화로 인한 기온 변화와 강수량의 변화는 생태계를 변화시킬 수 있다. 특히 기후 변화는 곡물 생산에 끼치는 영향이 커서 중요한 농업지대에 심각한 가뭄 피해를 입힐 것이다. 현재 온대 지방은 여름이 길어지고 봄, 가을, 겨울은 짧아지고 있으며 아열대 식물이 자라는 등 점점 아열대 기후가 되고 있다. 우리나라에서도 아열대 기후에 서식하는 검은머리직박구리 새가 남해안에 서식하는 것이 목격되었고, 말라리아 모기에 의한 말라리아 감염자가 늘어나는 등 아열대 기후의 징후들이 보이고 있다.

지구 온난화는 기상 변화에도 영향을 끼친다. 1950년대 이후로 태풍과 허리케인이 점점 더 강해지고 그 규모도 커지면서, 특히 1990년대 들어와 태풍 피해가 늘어났다. 이것은 지구 온난화로 인한 수온 상승과 관련이 있다. 태풍은 수온 27°C 이상의 따뜻한 열대 및 아열대 해상에서 발생하는데, 수온이 올라가면 증발량이 늘어나 수증기가 많이 공급되므로 태풍의 위력을 키우기에 충분한 조건이 되는 것이다.

하지만 가장 심각한 문제는 해수면 상승이다. 아프리카 킬리만자로 산의 만년설은 해마다 그 양이 감소하고 있는데 2020년이면 사라질 것으로 보인다. 빙하와 만년설에서 녹아내린 물은 바다로 유입되어 해수면을 상승시키고 있다. 또한 수온의 상승으로 바닷물의 부피가 팽창하면서 해수면이 높아지기도 한다. 이러한 해수면 상승은 수백만 명이 살고 있는 해안 지역을 침수시키고, 열대 지방에서는 더 크고 빈번한 폭풍우를 발생시켜 피해를 입힌다. 2004년 12월 동남아시아가 지진 해일에 의해 큰 피해를 입은 것도 해수면이 높아졌기 때문이다. 만일 지금과 같은 추세로 온난화가 진행된다면 21세기 중반에는 전 세계에서 해수면이 약 19cm까지 상승할 것이며, 유럽 연안에서는 적어도 35cm 정도 상승할 것으로 보인다. 남극 대륙의 서쪽 빙하는 하부가 해수면보다 낮으므로 쉽게 녹을 가능성이 있는데, 만약 이 빙하가 녹아버린다면 해수면은 적어도 5m 또는 그 이상까지도 올라갈 수 있다.

지구 온난화가 계속 진행된다면 고위도 지방의 가스 수화물의 불안정화를 초래할 수 있다. 가스 수화물이란 주로 메탄으로 구성된 가스 분자가 물 구조와 결합되어 있는 얼음과 같은 고체 물질로, 주로 해양 퇴적물과 툰드라와 같은 동결대 아래에서 발견된다. 전 세계에 매장된 가스 수화물의 양은 약 10조t으로 추정되는데, 육상의 모든 석탄, 원유, 가스를 합친 탄소량보다도 2배 더 많은 양이다. 동결대 아래에 집적된 가스 수화물은 동결대가 가스의 상승과 유출을 방지하고 있으나 고위도 지방의 온난화가 진행되면 동결대가 녹으면서 엄청난 양의 메탄 가스가 방출될 수 있다. 메탄 가스의 방출은 온실효과를 더욱 키울 것이다. 또한 원유가 고갈되어 해저 밑에 있는 가스 수화물로부터 메탄을 얻어 에너지 자원으로 사용하기 시작한다면 지구 온난화는 더욱 가속될 것이다.

▲ **녹아내리는 남극 대륙의 빙하**
지구 온난화의 영향으로 빙벽에서 떨어져 나온 얼음조각들이 바다 위를 떠다니고 있다.

08 🌐 지구 온난화 방지를 위한 노력

지구 온난화를 막을 수 있는 가장 최선의 길은 에너지 절약이다. 우리가 사용하는 에너지의 3분의 1이 전기를 만드는 데 쓰이는 만큼, 전기를 절약하고 전기 에너지를 만드는 새로운 기술을 개발해야 한다. 또, 새로운 교통수단을 개발하고 대중교통 체계를 효과적으로 정비해야 한다.

2002년 요하네스버그에서 열린 지구정상회의에서는 재생 가능 에너지의 사용량을 늘리기로 합의했다. 재생 가능 에너지란 태양열 난방, 태양·풍력·조력·지열 발전, 생물체를 이용한 가스나 석유 생산 등을 통해 화석 연료를 대체할 수 있는 에너지다. 이미 유럽연합EU은 2010년까지 1차 에너지의 12%를 재생 가능 에너지로 공급하는 계획을 추진 중이다. 유럽연합은 이를 통해 이산화탄소 배출량을 3억 2,000만t까지 줄일 수 있다고 한다. 우리나라도 2003년을 재생 가능 에너지 보급의 원년으로 선포하고 2011년까지 '재생 가능 에너지 5% 달성'을 추진 중이다. 우리나라는 철강, 석유화학, 조선 등 에너지 다소비형 산업구조를 갖고 있어 온실가스의 배출량이 많은 나라다. 기업에서는 에너지 효율을 높여 적은 에너지로 좋은 제품을 생산하기 위한 기술 개발에 힘써야 할 것이다.

생활 속에서도 에너지 절약을 실천할 수 있다. 우리나라는 자동차 평균 주행거리가 연간 2만km로 미국보다 많고 일본의 2배에 이른다. 대중교통을 이용하며 자가용을 절반만 이용해도 온실가스를 1.5t 이상 줄일 수 있다. 차를 운전할 때는 트렁크에 불필요한 짐을 빼고 타이어의 적정공기압을 유지해서 부드러운 운전을 하면 연료비와 온실가스를 추가로 10% 줄일 수 있다. 세탁기를 돌릴 때 들어가는 전력 소비와 세탁용 수돗물을 공급할 때 손실되는 에너지도 생각해야 한다. 절수 수도꼭지나 샤워기를 이용해 물을 아껴쓰는 것도 에너지 절약의 한 방법이다. 또, 에너지 효율 등급이 높은 가전제품

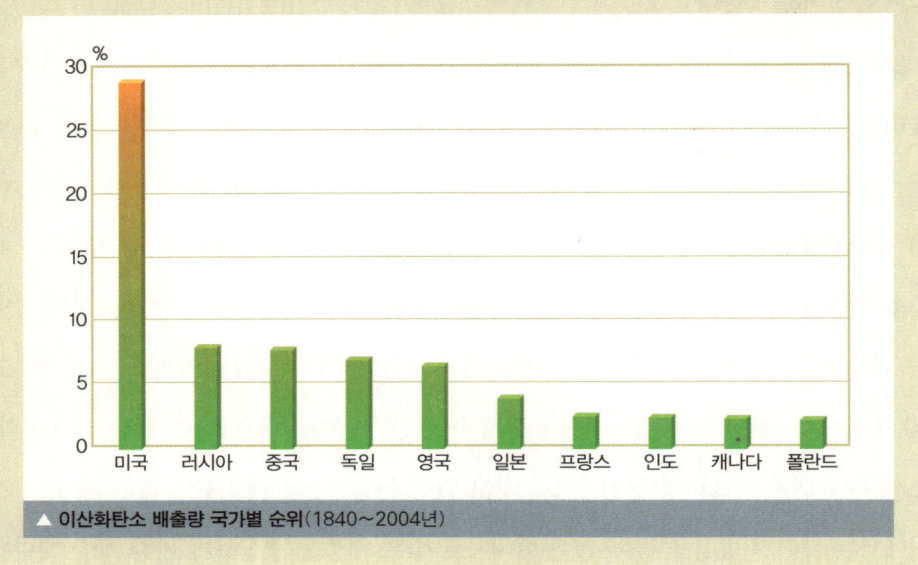

이산화탄소 배출국 순위

2007년 11월 27일 유엔개발계획(UNDP) 발표 「2007/2008 인간개발보고서」에 의하면 한국은 2004년 기준 9번째 이산화탄소 배출국이다. 2004년 지구에 배출된 이산화탄소는 289억 8,300만으로 1990년에 비해 28%가 늘어났다. 한국은 4억 500만을 배출했고, 미국은 60억 4,600만으로 1위 배출국이다. 2위는 50억 700만의 중국이었다. 대체로 OECD 회원국, G8 국가, EU 국가에서의 이산화탄소 배출량이 많았다. 1840년부터 2004년까지 이산화탄소 배출량이 많은 국가 순위는 미국, 러시아 독립국가연합, 중국, 독일, 영국, 일본, 프랑스, 인도, 캐나다, 폴란드 순이다.

▲ 이산화탄소 배출량 국가별 순위(1840~2004년)

을 선택하고 고효율 형광등을 설치하면 전력 소비를 쉽게 줄일 수 있다. 플러그를 뽑거나 대기전력 차단용 콘센트만 설치해도 전력 소비를 10% 이상 줄일 수 있다고 한다. 텔레비전을 그냥 켜두지 않는 것은 너무 쉬운 실천이다.

국립산림과학원에 따르면 시민 한 사람이 배출한 이산화탄소를 흡수하려면 일생 동안 978그루의 나무를 심어야 한다는 계산이 나왔다. 지구 온난화는 인류에게 닥친 시급한 위기이며 오늘 노력하지 않는다면 지구의 미래는 없다. 남태평양의 산호섬 투발루 공화국은 지금 물속에 잠기고 있으며 그 위기는 언젠가 우리에게도 미칠 것이다. 물자

절약과 일회용품 사용 억제, 전기와 물 절약이 나무를 심는 것과 같은 효과가 있다. 너무 늦기 전에 1인당 매년 10그루 이상의 나무를 심어서 더워지는 지구를 구하고 투발루 공화국과 우리를 보호하자.

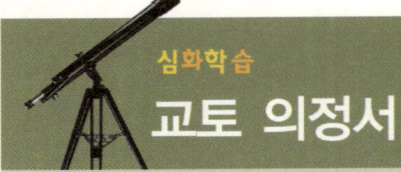
1992년 6월 브라질의 리우데자네이루에서 화석 연료의 사용을 제한하기로 한 기후 협약을 채택하고 5년 뒤인 1997년 12월 일본 교토에서 38개국이 참여하여 기후 변화의 주요인인 온실가스 배출 감축을 위한 교토 의정서가 채택되었다.

교토 의정서에 따르면 2008년에서 2012년까지 36개국 선진국 전체의 배출량을 1990년 대비 5.2%까지 감축할 것을 규정하고 있다. 또한 온실가스의 배출량 감소를 위해서 배출권 거래 제도, 공동 이행 제도, 청정 개발 제도 등을 채택하고 있다. 현재 에너지를 많이 사용하는 유럽연합은 8%, 미국은 7%, 일본은 6%, 캐나다는 6% 등으로 규정했다. OECD 회원국들은 이 기간 동안 1990년 대비 5% 이상의 온실가스를 줄이도록 했다. 감축 대상 온실가스는 이산화탄소,

▲ 호주의 교토 의정서 가입을 촉구하는 시위대
호주는 미국과 함께 교토 의정서를 탈퇴하고 그동안 비준을 거부해왔으나 정권 교체를 이룬 지난해 2007년 12월 교토 의정서에 서명했다.
ⓒ Greenpeace / Sataporn Thongma

아산화질소, 메탄, 불화탄소, 수소화불화탄소, 불화유황 등이다. 그 밖의 국가들은 2013년에서 2017년까지 온실가스의 배출을 줄여야 한다.

2001년 미국이 교토 의정서를 탈퇴한 후 같은 해 7월 16일 독일 본에서 열린 기후변화협약 당사국회의에서는 일본과 캐나다의 양보로 일본은 1.7%, 캐나다는 4.1%를 더 감축하기로 했다. 2006년 2월 16일에는 온실가스 배출량의 55%를 차지하는 55개국 이상이 비준하여 교토 의정서가 발효되었다. OECD 회원국인 우리나라와 멕시코는 1992년 기후 협약시 개발도상국으로 분류되어 2008년에서 2012년까지 1차 온실가스 감축의무에는 포함되지 않았으나 2013년부터 2017년까지 이산화탄소 배출량을 줄여야 한다.

AIRPOLLUTION

CHAPTER
08

대기오염

해가 갈수록 더욱 심해지는 황사와 스모그로 인해 사람들의 건강이 위협받고 있다. 황사주의보나 경보가
발령되는 일도 이제 더 이상 낯선 풍경이 아니다. 황사와 스모그를 일으키는 주범은 무엇이며, 대기오염
을 줄이기 위해 우리가 할 수 있는 일은 무엇일까?

01 🌐 봄의 불청객, 황사

봄철이면 여의도 윤중로에는 벚꽃놀이를 즐기는 상춘객들의 발길이 끊이지 않는다. 벚꽃축제가 벌어진 2006년 4월 8일 여의도를 찾은 많은 사람들은 이날 발생한 최악의 황사 때문에 서둘러 자리를 떠야만 했다. 예보도 미처 이루어지지 않아 마스크를 미리 준비하지 못한 사람들이 많았고 아이들을 데리고 벚꽃축제에 온 많은 부모들은 바삐 집으로 돌아갔다. 여의도 한강 둔치에서 한강 너머 보이는 마포는 뿌연 황사 먼지로 윤곽만 희미하게 보일 뿐이었고 63빌딩조차 희미하게 보였다.

최근 발표된 기상청 자료에 의하면 서울 지방의 연간 황사발생일수는 1980년대는 평균 3.9일, 1990년대는 7.7일이었다. 2001년에는 황사 관측이 시작된 이래 가장 많은 27일을 기록했으며 2000년대는 연평균 15.2일로 발생 횟수는 10년마다 2배 이상 증가하고 있다.

▲ **황사 안개 속의 한강**
2006년 4월 8일 여의도에서 바라본 한강의 모습이다. 다리 건너편이 거의 보이지 않는다.

황사黃砂는 건조 지역에서 운반되어 온 대기 중의 먼지를 말한다. 중국 북부와 몽골의 사막지대, 황하 중류의 황토 지역에 저기압이 통과할 때 다량의 누런 먼지가 한랭전선 후면에서 부는 강한 바람이나 지형에 의해 만들어진 난류로 인해 상층으로 따라 올라가고 장거리를 수송되어 오다가 지표에 서서히 낙하한다. 황사가 발생하면 시야가 흐려지고 하늘이 황갈색으로 변하여 시정이 악화되며 누런색의 고운 먼지가 인체와 물체에 영향을 준다.

『삼국사기』를 보면 신라 제8대 아달라왕 때도 황사가 있었다는 기록이 있다. 황사 현상이 얼마나 오래된 자연현상인지 알 수 있다. 우리 조상들은 황사를 '흙이 비처럼 떨어진다.'고 해서 우토雨土 또는 토우土雨라고 표기했으며 일반적으로는 '흙비'라고 불렀다. '황사'가 쓰이기 시작한 것은 1910년 이후다. 중국에서는 사천바오(모래폭풍이라는 뜻), 일본에서는 코사(상층먼지라는 뜻), 세계적으로는 아시안 더스트Asian Dust로 불린다. 황사 알갱이의 크기는 $10\sim1,000\mu m$($1\mu m$는 100만 분의 1m)로 다양하다. $1,000\mu m$의 입자는 통칭 황사yellow sand라고 하며, $10\mu m$의 입자는 황진yellow dust이라고 부른다.

02 ⊕ 황사는 어디에서 올까?

황사는 중국 북부 지방과 몽골과의 경계에 걸친 건조 지역에서 주로 발생하며, 가깝게는 만주에서부터 멀리는 타클라마칸 사막까지 동서로 약 6,400km, 남북으로 600km에 이르는 광활한 지역에서 발생한다. 이 지역의 토양은 황토, 모래, 혼합 토양으로 구성되어 있으며 면적은 사막이 48만km², 황토 고원 30만km²에 인근 모래땅까지 합하면 한반도 면적의 약 4배나 된다. 1990년대까지만 해도 황하 부근에서 발원한 황사가 우리나라에 주로 영향을 주었으나, 최근에는 한반도에 더 가까운 내몽골 고원 부근에서

러시아

몽골

고비 사막

타클라마칸
사막

만주

베이징

황하

한국

중국

양쯔강

▲ 황사 발원지와 이동 경로

황사의 발원지는 중국 북부와 몽골 사이의 건조 지역으로, 가까이는 만주부터 내륙의 고비 사막과 멀리 타클라마칸 사막에까지 이른다.

도 황사가 발원해 우리나라에 미치는 영향은 갈수록 증가하고 있다.

황사 발원지에서는 우리나라처럼 뿌연 먼지 안개와 같은 상태가 아니라 무시무시한 바람까지 부는 모래폭풍이 일어난다. 이 모래폭풍은 갑자기 나타나 1km 밖을 안 보이게 한다. 중국에서는 시정이 10km 이내인 먼지 현상은 '양사揚沙'라 부르고 우리나라와 일본에서 볼 수 있는 황사 현상은 '부진浮塵'이라 부른다.

겨우내 얼어 있던 중국 건조지대에서는 봄이 되어 기온이 올라가면 대기가 불안정해지며 상승 기류가 잘 형성된다. 이때 강풍이 불면 바닥의 모래알들은 움직이거나 구르다가 부력을 받아 조금씩 도약한다. 햇빛이 지표면을 강하게 가열하면서 대류가 생기고 모래흙이 부력을 받아 공중에 떠오르면서 먼지폭풍이 되는데 이 흙먼지가 3,000~5,000m 상공의 강한 편서풍에 실려 날아온다.

황사가 발생하기 위한 첫 번째 조건은 발원지에서 대량의 먼지가 배출되는 시기다. 즉, 발원지의 강수량이 적고 증발이 왕성하며 풍속

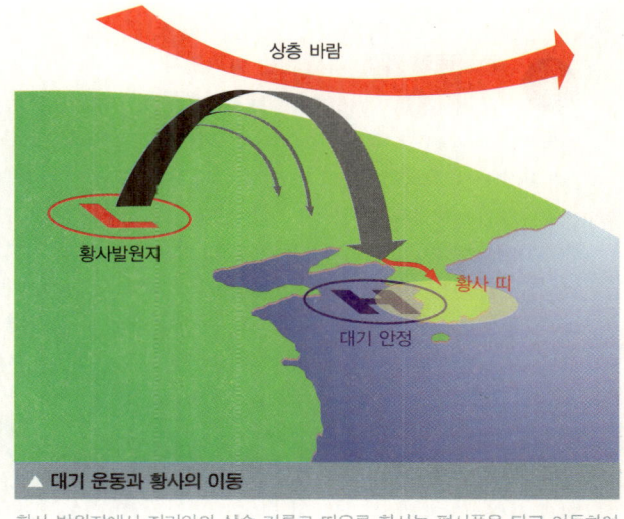

▲ 대기 운동과 황사의 이동

황사 발원지에서 저기압의 상승 기류로 떠오른 황사는 편서풍을 타고 이동하여 고기압이 형성된 우리나라 상공에서 지면으로 하강한다.

이 강할 때 잘 일어난다. 대체로 겨울철과 봄철이 이에 해당한다. 특히 봄철 해빙기에는 지표면에 식물이 거의 없기 때문에 토양이 잘 부서져서 부유하기에 적당한 크기인 $20\mu m$ 이하의 먼지가 더 많이 발생한다.

두 번째 조건은 발원지로부터 황사가 이동해 올 수 있도록 강한 편서풍이 부는 것이다. 발원지의 동쪽에 위치한 우리나라에까지 황사가 수송되어 오기 위해서는 약 5.5km 고도의 편서풍 기류가 우리나라를 통과해야 한다.

마지막 세 번째 조건으로 상공에 부유 중인 황사가 지표면에 낙하하려면 우리나라 지표면에 고기압이 위치하여 하강 기류가 발생해야 한다.

03 ⊕ 황사의 이동과정과 발생량

황사가 발생하면 발원지에서 떠오른 먼지의 30% 정도는 부근에 가라앉고, 20%는 인

편서풍의 정체, 다시 한번 살펴보자

지구는 둥글기 때문에 위도에 따라 입사하는 태양 복사 에너지의 양이 다르다. 그러나 적도 지방의 에너지는 대기대순환에 의해 극 지방으로 전달되어 에너지 균형을 이룰 수 있다. 그러한 대기 대순환 중에서 북위 30°와 60° 사이의 중위도 지방에서 부는 바람을 편서풍이라고 한다.

바람의 방향은 어떨까? 북위 30° 지방은 60° 지방에 비해 상대적으로 기온이 높아 고기압이 되고, 북위 60°는 기온이 낮아 저기압이 된다. 기압 차에 의해 바람의 방향은 북위 30°에서 북위 60°를 향한다. 지구의 자전에 의해 형성된 전향력 때문에 북위 30°에서 북위 60°를 향해 부는 바람의 방향은 오른쪽으로 45° 정도 휘어지고 남서쪽에서 북동쪽으로 부는 바람이 되는 것이다.

대기의 상공에서 편서풍은 파장이 3,000~6,000km 되는 파동 운동을 하며 남북으로 출렁이고 있는데 이 파동을 로스뷔(Rossby)파라고 한다. 그리고 편서풍 파동 내에서 가장 풍속이 강한 부분인 제트류(jet stream)는 태풍을 만드는 원인이 되기도 하며 엄청난 양의 열과 수증기를 다른 지역에 전달하는 역할을 한다.

제트류는 남북 간의 온도 차가 큰 겨울철에 더 강하게 나타난다. 50~150m/s의 매우 강한 바람인 제트류를 이용하면 아시아에서 태평양을 향하는 비행기의 운항시간과 연료를 절약할 수 있다.

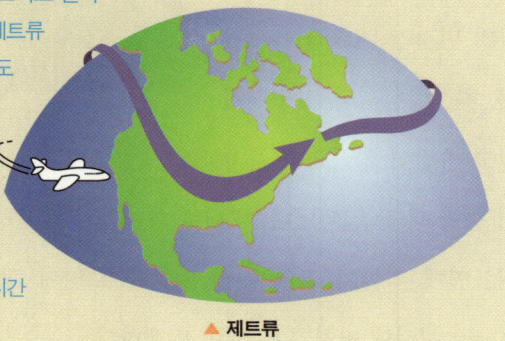

▲ 제트류

근 대도시로 이동한다. 나머지 50%는 한국과 일본에 떨어지고, 더 멀리는 알래스카 북쪽 해안까지 수천km나 이동한다.

황사가 도달하는 데 걸리는 시간은 바람의 속도나 발원지와의 거리에 따라 다르다. 우리나라까지 황사가 도달하는 데 걸리는 시간은 타클라마칸 사막에서 오는 경우는 4~8일, 중국 북부 사막 지역에서 오는 것은 3~5일, 만주 지역에서 오는 것은 1~2일 정도 걸린다. 황사가 발생하면 동아시아 상공은 100만t 정도의 먼지로 뒤덮인다. 이때 한반도에는 평상시보다 4배 정도 많은 먼지양인 4만 6000~8만 6000t의 먼지가 뿌려진다.

황사를 구성하는 성분은 발생지에 따라 다르다. 사막지대에서 발생한 황사에는 석영

이 많고 황토지대의 황사에는 주로 장석이 많으며 철 성분도 많이 함유되어 있다. 또한 사막지대에서 발생한 황사에는 큰 모래가 많고, 황토지대에서 발생한 황사는 작은 먼지로 이루어져 있다. 황사를 구성하는 입자 가운데 크기가 $20\mu m$ 이상인 것들은 발원지 부근에 다시 떨어지고 작고 가벼운 입자들이 대기 상층까지 올라가 편서풍을 타고 멀리 이동하는데, 우리나라와 일본에서 관측된 황사의 크기는 $1\sim10\mu m$ 정도다. 머리카락의 굵기가 약 $70\mu m$이니 아주 미세한 크기임을 알 수 있다. 참고로 $1\mu m$ 입자는 수 년 동안, $10\mu m$ 입자는 수 시간에서 수 일 정도 공중에 부유할 수 있다고 한다.

04 🌐 중국은 왜 황사가 많을까?

중국에서 연간 발생하는 황사일수는 $20\sim120$회다. 1999년 유엔에서 발표한 세계 10대 오염도시 가운데 7개 도시가 중국에 있고, 오염이 가장 심한 도시도 중국의 도시였다. 최근 광범위한 중국의 공업화와 개발로 인한 자연 파괴가 그 원인이라고 볼 수 있으며, 무분별한 벌목과 유목민의 방목과 경작에 의해 사막화도 급속히 진행되고 있다. 매년 서울의 6배 면적에 해당하는 지역이 사막화되고 있으며 이미 중국 땅 전체의 약 16%가 사막이다. 가축이 늘어나면서 초원은 점차 사라지고, 공업지대에서의 방대한 석탄 사용으로 오염은 갈수록 심화되고 있다. 또한 지구 온난화로 과거에 만년설로 덮여 있거나 초원이었던 곳이 황사의 근원지로 바뀌고 있고, 엘리뇨로 인해 강해지는 편서풍도 심각해지는 황사의 주범이라고 할 수 있다.

중국의 공업화가 급격히 진전되면서 황사에 포함되는 대기오염 물질의 양이 계속해서 늘어나고 있다는 점도 문제다. 중국에서 배출하는 주요 대기오염 물질은 중국 에너지 사용량의 4분의 3을 차지하는 석탄 연소로 발생한다. 중국의 석탄 사용량은 20세기 말 14억t을 넘어섰고 대기오염 물질의 배출은 점점 더 심각한 문제가 되고 있다. 중국 서남부에 있는 중경에서는 먹물처럼 검은 산성비가 내렸다는 기록이 있으며 중국인 세 사람 중 한 사람이 호흡기 질환에 시달리고 있을 정도라고 한다. 또한 세계은행의 비공개 보고서에 따르면 1988년에 사망한 중국인 네 사람 중 한 사람은 대기오염으로 인한 질병이 원인이었다고 한다. 이 때문에 중국에서 불어오는 대기오염 물질을 규제하기 위해 동북아 환경협정이 우리나라와 중국, 일본 사이에 진행되고 있으며, 주변 국가와의 긴밀한 대기 관리가 필요한 실정이다.

사막화, 무엇이 무서운 걸까?

현재 지구 육지의 약 3분의 1이 건조 또는 반(半)건조 지역이다. 사막화란 사막 주변의 반건조 지역이 그 토지가 가지는 생물 생산 능력의 감퇴와 중단으로 결국 사막과 같은 상태가 되는 것을 말한다.

최근에 사막화되는 면적은 해마다 600만ha씩 늘어나는데, 이에 따른 피해 농촌 인구도 해마다 약 1,700만 명씩 늘어나고 있다. 세계 최대의 사막화 지역은 사하라 사막 주변에서 아라비아 반도를 거쳐 중앙 아시아로 이어지는 곳이다. 사막화는 마을이나 도로를 중심으로 퍼져나가는 경향이 있다. 과방목, 과경작, 땔감용 수목의 벌채 등 인위적 식생 파괴가 원인이다. 기후적 요인도 있다. 사하라 사막의 경우, 1980년대 20세기 최악의 큰 가뭄이 이 지역의 사막화 작용을 가속시켰다.

더욱 큰 문제는 일단 사막화가 시작되면 대개는 복구가 불가능하다는 사실이다. 일단 식생이 상실되면 바람이나 물에 토양이 쉽게 침식되어 식물에 영양분이나 수분을 공급할 토양이 유실된다. 따라서 사막화의 방지책은 식생이 회복될 수 있는 초기에 빨리 세워야 한다.

사하라 사막의 남쪽 끝에 있는 사헬 지방은 사막화가 가장 심각한 상태인 지역 중 하나다. 민간기업이 주체가 된 녹화 사업인 '사헬 그린벨트 계획'이나 일본의 사막개발협회가 이집트의 건조지대에서 보수제(保水劑)를 이용해 식생 재배를 시도하는 '그린어스 계획(Green Earth Project)' 등은 사막화 방지를 위한 녹화 계획의 한 예다.

05 🌐 황사가 남기는 것들

▲ **황사 발생 전후**
2002년 3월 황사가 발생하기 전 서울 시가지의 모습이다. 멀리 남산까지 보인다. 그러나 황사가 발생해 가시거리가 크게 감소했다. 발생 전 모습과 비교하면 차이가 확연히 드러난다.

황사 먼지는 태양광선을 차단하고 산란시켜 가시거리를 감소시킨다. 황사가 심한 날에 멀리 있는 산은 물론 높은 빌딩조차 구분하기 어려운 것은 이 때문이다. 관측에 따르면 황사 현상이 있을 경우 먼지 농도는 평상시에 비해 약 2~4배 증가한다고 한다. 대기 중의 황사는 태양 복사를 반사하는 알베도*를 증가시켜 지구의 온도를 냉각시키며, 공중에 부유하는 황사 먼지가 구름을 만드는 응결핵 역할을 하여 구름 발생을 촉진시키기도 한다. 또한 황사 먼지는 농작물이나 활엽수의 기공을 막아 식물의 성장을 방해하며, 항공기 엔진을 손상시키고 시야 악화로 항공기의 이착륙 사고를 유발할 수도 있다. 입자가 작은 황사 먼지는 반도체 등의 정밀산업에 치명적인 손해를 끼칠 수 있으며 전자제품의 불량률을 높인다. 자동차의 연료 소비가 늘어날 수 있으며 각종 건설 공사와 관광산업에까지 피해를 입히기도 한다. 인체에 끼치는 직간접적인 피해까지 생각하면, 그 손실액이 연간 약 7조원에 달한다는 연

알베도 행성에 입사되는 태양 복사 에너지에 대한 행성 표면의 반사 에너지 비율로 행성 표면의 상태에 따라 달라진다. 숲보다는 눈과 빙하로 덮은 부분의 반사율이 높다. 지구의 알베도는 30%다.

구도 있다.

특히 발원지에서 우리나라로 향하는 황사는 중국 대륙을 거치면서 인체 유해성이 높은 납, 카드뮴, 크롬, 구리 등의 중금속과 아황산가스, 석영, 알루미늄, 다이옥신 등의 유해물질을 포함하게 된다. 2006년 4월 서울의 한 지역에서 황사 기간 중 먼지를 채취해 분석해보니 철의 농도가 평상시에 비해 2배 정도 높았으며 유해 중금속인 납의 오염도는 황사 현상의 영향이 비교적 적은 3월에 비해 평균 1.6~3.4배 더 높았다.

의학 전문지에 따르면 황사 발생으로 인한 미세먼지는 기관지와 폐포에까지 영향을 미쳐 후두염, 천식과 같은 호흡기 질환을 일으키며, 알레르기성 천식 환자의 경우 호흡 곤란을 일으킬 수 있다. 이 경우 입을 막고 코로 호흡하면 콧속의 털이 먼지를 거르는 역할을 하여 기관지로 가는 먼지나 오염원을 줄일 수 있다.

공기 중의 미세먼지와 각종 중금속 등의 유해물질은 점막을 자극하여 눈, 코, 목, 피부 등에 과민반응을 일으킨다. 눈은 황사에 의해 가장 많이 손상되는 부위인데, 알레르기성 결막염이 가장 많이 발생한다. 알레르기성 결막염은 렌즈를 착용하거나 라식, 백내장 등의 안과수술 후에 더 잘 걸릴 수 있으므로 황사가 발생했을 때는 가능하면 렌즈

이로운 점은 없을까?

황사 자체는 아주 고운 흙이다. 과거에는 영양분이 많은 흙을 옮기는 역할을 했으며 토양을 중화시키는 역할도 해왔다. 황사 모래는 대부분 규소 성분을 함유하고 있는데 규소 성분이 염기성을 띠는 석회와 산화마그네슘 등과 섞이며 내려앉으면 산성도가 높은 토양을 중화시키기도 한다. 최근 일본학자들의 연구 보고서에 따르면 황사가 함유하고 있는 염기성 물질이 산성비를 유발하는 산성 물질과 중화 반응을 일으켜 산성비로 인한 피해를 줄일 수 있다고 한다.

황사는 적조가 발생했을 때 바다에 뿌리는 황토 역할도 한다. 황토입자가 플랑크톤이나 적조에 엉겨 붙어 가라앉는 성질이 있어서 바다 생태계에 도움을 주는 경우도 있다. 황사에 포함된 미량의 철, 인, 칼륨, 칼슘, 마그네슘 등은 어패류와 같은 해양 생물의 영양분이 되기도 한다. 그러나 이런 긍정적인 영향은 황사가 일으키는 피해에 비하면 극히 미미한 수준이다.

보다는 안경을 착용하는 것이 좋다.

　그 밖에도 콧물, 재채기, 코막힘 증상이 나타나는 알레르기성 비염이나 가려움, 붉은 반점, 부종, 수포 등이 생기는 아토피성 피부염이 생길 수 있다. 황사에 포함된 극미세 먼지는 호흡기에서 걸러지는 미세먼지와 달리 폐에 깊숙이 침투하여 흡수되므로 폐기능이 저하되고 심혈관계 질환이 악화될 수 있다.

06 ⊕ 이렇게 대처하자

2007년 2월 이후 기상청의 황사 판정 기준이 강화되어 황사주의보는 황사로 1시간 평균 농도 $400\mu g/m^3$ 이상의 미세먼지가 2시간 이상 이어질 것으로 보일 때, 황사경보는 농도 $800\mu g/m^3$ 이상의 미세먼지가 2시간 이상 이어질 것으로 예상될 때 발표한다. 특보가 내리면 노약자, 어린이, 호흡기 환자는 외출을 금지하고, 단축수업 또는 임시휴교를 하도록 하며, 실외활동 금지를 권고한다.

　1시간 평균 미세먼지 농도가 $400\mu g/m^3$ 미만일 때는 약한 황사, $400\sim800\mu g/m^3$일 때는 강한 황사, $800\mu g/m^3$ 이상일 때는 매우 강한 황사로 본다. 2006년 4월 8일 발생한 황사 농도는 백령도에서 $2,370\mu g/m^3$, 서울 관악산에서 $2,298\mu g/m^3$, 천안에서 $1,925\mu g/m^3$ 등 전국이 $400\sim2,370\mu g/m^3$로 최악의 수준이었다.

　3~4월에 집중되는 황사 발생기에는 가능한 외출을 자제하고, 외출할 때는 보호안경, 마스크, 목도리, 긴 옷 등으로 노출 부위를 줄여야 한다. 특히 노약자나 호흡기 질환자는 실외활동을 자제하는 것이 좋다. 가정에서는 가습기를 사용하여 습도를 높이고 공기청정기를 가동하여 먼지를 제거한다. 환기 시간도 1시간 이내로 줄이고, 창문을 닫아 먼지가 들어오는 것을 막는다. 집 안 청소도 구석구석한다. 외출 후에는 반드시 손과 발

은 물론 머리도 깨끗이 씻어야 한다. 미지근한 물로 눈을 헹구고 소금물로 입 안을 헹구어주면 좋다. 그리고 물이나 차를 많이 마셔서 건조한 목, 코, 피부를 보호하며, 비타민이 풍부한 채소, 야채를 충분히 섭취해 면역 기능을 키우도록 노력한다. 인스턴트 음식, 커피, 음주, 흡연 등은 질환을 악화시킬 수 있으므로 삼가는 것이 좋다.

하지만 좀 더 근본적인 대책이 필요하다. 어떻게 하면 황사 발원지의 면적을 줄여서 먼지 발생량을 줄일 수 있을까? 가장 많이 이용되는 방법은 발원지에 방풍림을 조성하는 것이다. 한 연구에 의하면 2m 높이의 방풍림을 조성할 경우 그 뒤쪽 20m 이내의 황사를 억제할 수 있다고 한다.

최근 중국에서는 경작지와 방목지를 줄이고 나무를 심어 숲을 조성하거나 초지를 조성하는 퇴경환림退耕還林 정책을 채택했다. 황사 발원지 인근 지역에 거주하는 농가의 가구당 기르는 가축수를 제한하고 가축의 방목을 금지하며 더 나아가 농사와 목축으로 살아가는 농민들을 다른 지역으로 이주시키기까지 했다. 또 사막의 모래가 이동하는 것을 막기 위해 모래 위에 장애물을 설치하고 방풍 울타리를 조성했다.

이런 노력에도 불구하고 이미 수십 년 전부터 광활한 지역의 산림과 초지가 인위적으로 파괴되어서 현재 중국의 사막은 전체 면적의 16%가 넘는 1억 5,000만ha나 된다. 우리나라의 15배 되는 면적이다. 지구 온난화로 인해 전 지구적인 사막화가 확대되는 상황에서 중국의 노력만으로는 해결하기 어려운 문제다. 한국, 중국, 일본, 몽골 등 관련 국가들이 협력하여 공동으로 중국 서부 지역의 사막화를 줄이고 자연 환경을 회복시키기 위해 노력해야 한다.

07 🌐 황사는 우리나라에만 나타나는 현상일까?

우리나라에 영향을 주는 몽골과 중국의 먼지폭풍은 더스트 스톰dust storm 또는 샌드 스톰sand storm이라고 하며 주로 대초원지대 같은 건조한 곳에서 발생한다. 로키 산맥 동부의 캐나다와

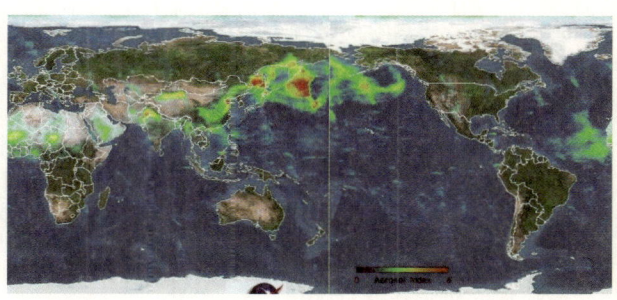

▲ 세계지도에 나타난 먼지띠
2001년 4월 전 세계에서 발생한 먼지띠의 모습이다. 지도에 노랗거나 붉게 표시된 부분이 황사다.

미국에 걸친 대평원, 아라비아 반도, 중동, 지중해 동쪽 끝의 키프로스, 아프리카의 사하라 사막, 인도의 사막과 그 인근 지역 등 전 세계에 분포하는 여러 사막에서도 비슷한 현상이 일어난다.

먼지폭풍은 주로 지면의 가열로 열을 받은 모래 위의 공기가 상승하면서 사구까지 운반할 정도로 강력한 바람이 된 것으로 장거리를 이동할 수 있다. 특히 아프리카 북부의 사하라 사막에서 발원하는 것은 '사하라 먼지'라고 하는데 계절풍이 사막 바깥으로 꾸준히 불어 나가는 시기 동안 크고 다양한 형태의 먼지폭풍이 먼지구름을 형성하며 아프리카에서 발생한다. 이 먼지구름은 사하라 모래를 북쪽으로는 지중해를 지나 프랑스와 이탈리아 남부의 휴양지에 떨어뜨리고 일부는 프랑스를 거쳐 영국 해협을 지나 영국까지 운반한다. 매년 북아프리카에서만 100억t의 먼지가 공기 중으로 상승한 뒤 그 중 절반 정도가 전 세계 바다에 퇴적된다고 한다.

08 🌐 하늘을 위협하는 또 다른 적, 스모그

봄철의 황사가 대기오염의 주범이라면 스모그smog는 가을에서 겨울을 거쳐 봄철까지 나타나는 극심한 대기오염이다. 1950년대 런던에서 발생한 최악의 스모그와 로스앤젤레스에서 발생했던 스모그는 사람들에게 치명적인 피해를 주었다. 우리나라에서도 겨울철에 스모그가 자주 발생하며 특히 자동차 배기가스 등 대기오염 물질의 급격한 증가로 더욱 짙어져가는 스모그는 큰 사회적 문제다.

　1950년대 영국 런던의 초겨울은 바람이 없고 기온역전 현상이 자주 나타났으며 대서양으로부터 유입된 다량의 수증기로 안개가 짙게 깔리곤 했다. 1952년 12월 5일 런던의 날씨가 갑자기 추워졌다. 템즈 강 유역은 비교적 따뜻하고 습한 상층 공기 아래에 지표면에서 냉각된 차가운 공기가 자리 잡으면서 매우 강한 기온역전층이 형성되었다. 안개도 심해서 습도는 80%에 달했는데, 한낮 기온이 −1°C 정도로 추워 건물마다 석탄 연료를 많이 땠다. 석탄 연기는 기온역전 현상에 의해 퍼져나가지 못하고 도시를 뒤덮었고 질식을 일으킬 정도의 맹독성 구름으로 변했다. 매일 런던에서는 분진 1,000t, 이산화탄소 2,000t, 염산 140t, 불소화합물 14t이 배출되었는데, 대기 중에서 370t의 이산화황이 물과 반응하여 800t의 황산 안개, 즉 황화 스모그로 변했다. 12월 5일부터 9일까지 5일 동안 지독한 스모그가 발생했는데, 불과 며칠 만에 4,000여 명의 주민이 사망했고, 1953년 2월까지 무려 8,000여 명이 호흡장애와 질식 등으로 고통을 당하거나 사망했다. 주로 노인, 어린이, 환자 등 노약자들의 피해가 컸다. 이 사건을 계기로 영국은 대대적으로 재개발을 해서 낙후시설을 교체하고 가정난방 연료를 석탄에서 천연가스로 바꾸어 지금은 비교적 맑은 공기를 유지하고 있다.

　이처럼 공장이나 빌딩의 연소시설과 일반 가정의 난방시설에서 석탄 연소로 배출되는 아황산가스와 부유분진 등 직접 굴뚝에서 나오는 오염물질이 안개와 결합해 발생하는 스모그를 황화 스모그 또는 런던형 스모그라고 한다. 한편, 자동차 배기가스 등에서 나오는 물질이 태양광선에 의해 이차적으로 발생한 것은 광화학 스모그 또는 로스앤젤레스형 스모그라고 한다.

1900년대 초부터 미국 캘리포니아 남부의 사막기후 지대에 형성된 로스앤젤레스는 급격히 대도시로 성장하면서 공장·굴뚝과 쓰레기 소각로에서 나오는 도시 먼지의 배출량이 크게 늘었다. 야외소각을 금지하고 집진기를 의무적으로 설치하도록 했지만, 1940년의 하루 먼지 배출량은 100t에 달할 정도였다.

1943년부터 로스앤젤레스에는 눈을 따갑게 하는 황갈색 안개가 나타나기 시작했는데, 이 황갈색 안개 현상의 정체는 1951년에 하겐 스미트에 의해 밝혀졌다. 자동차 배기가스에서 나오는 질소산화물(NOx)과 탄화수소(HC)가 대기 중에 농축되어 있다가 태양광선의 자외선과 화학반응을 일으키면서 산화력이 큰 물질이 생기고 이것이 스모그를 일으킨 것이다.

당시에 하루 배출되는 탄화수소 2,500t 중 80%가 자동차 배기가스에 의해 발생한 것이었다. 이에 따라 1966년 캘리포니아 주에서는 새로 생산되는 차에 배기가스 조절

런던형 스모그와 LA형 스모그의 비교		
구분	런던형	LA형
발생 연대	1952년 12월	1940년(밝혀진 것은 1951년)
발생 계절	겨울	여름
발생 시간	새벽	한낮
바람	무풍	3m/s
주 오염원	석탄계	석유계
오염물질	먼지, 이산화황	질소산화물, 탄화수소
가시거리	100m	0.8~1.6km
오염형	1차 오염	2차 오염

장치를 부착하도록 했고, 그 외에도 새로운 촉매장치의 개발 등으로 탄화수소를 줄이는 데 어느 정도 성공을 거두었으나 완전히 해결하지는 못했다.

09 🌐 서울의 스모그

1992년 12월 초에 발표된, 전 세계 20개 대도시 가운데 서울의 대기오염도가 멕시코 시티에 이어 2위라는 세계보건기구WHO의 보고서 내용은 우리에게 충격을 주었다. 서울에는 겨울철 대낮에 가시거리가 1km도 미치지 못하는 날이 자주 발생하고 있으며 광화문을 중심으로 반지름 10km 내의 바위에 이끼가 사라진 지 오래다. 도심지에 근무하는 사람 중 머리가 아프고 목이 따가운 증상으로 병원을 찾는 사람이 점점 늘어나고, 서울뿐 아니라 부산, 대구, 광주, 인천 등 전국 대도시의 하늘이 몸살을 앓고 있다.

서울에서 발생하는 스모그는 주로 자동차의 매연에 의해 발생한다. 환경부에서 스모그를 분석한 결과 탄소가 54%, 황산염이 15%, 질산염이 10% 포함되어 있었는데, 자동차가 배출하는 아황산가스와 질소산화물이 주 원인물질인 것으로 확인되었다. 나머지 21%는 암모니아 등 잡다한 물질이 뒤섞여 있다.

최근 서울에서 발생하는 스모그는 아침부터 오후까지 지속되는 현상이 자주 나타나고 있다. 대기 중의 미세입자에 수분이 응결되어 스모그가 생기는데, 미세입자 중의 이온 성분과 수분이 결합되어 있기 때문에 낮이 되어도 쉽게 증발하지 못하고 계속 큰 입자로 남아 있어 시야가 맑아지지 않는 것이다. 특히 겨울철에 풍속이 약해지면 오염물질이 서울 바깥으로 빠져나가지도 않고 북서풍에 실려 온 오염물질의 영향도 더 크게 받으므로 오염이 더 심해진다. 우리나라에서 겨울철 아침에 발생하는 스모그는 런던형 스모그에 가깝다.

10 🌐 대기오염 방지를 위한 노력

지금까지 살펴본 바와 같이 매년 황사와 스모그로 인한 대기오염이 증가하고 있으며 그 피해도 커지고 있다. 세계 각국은 인류와 지구 환경을 위협하는 대기오염을 줄이기 위해 여러 가지 노력을 기울이고 있다. 그 중 몇 가지만 알아보자.

지구 온난화 방지와 규제를 위한 범지구적 차원의 노력의 하나로 1992년 6월 브라질 리우데자네이루에서 개최된 유엔환경회의에서 기후변화협약UNFCCC을 채택했다. 과거부터 대기 중으로 온실가스를 배출한 선진국의 역사적 책임과 개발도상국의 개발 상황을 고려하여, 책임과 능력에 따른 의무를 부담했다. 그리고 온실가스의 감축을 적극적으로 이행하기 위해 1997년 교토 의정서를 의결했다. 우리나라는 2002년 11월 교토 의정서를 비준했으며, 2013년부터 온실가스 배출량을 의무적으로 감축해야 한다.

주거지가 해변과 산등성이에 있어 자동차의 주행거리가 길고 자동차 사용량이 많은 캘리포니아는 특히 대기오염 개선을 위해 자동차 관련법을 만들었다. 1970년에 대기보전법을 채택해 엄격한 자동차 배출기준을 정하고, 1990년에는 오염물질의 배출이 전혀 없는 '무배출자동차'의 생산비율을 의무화했다. 캘리포니아에서 팔리는 전체 자동차의 10%를 무배출자동차로 의무화한 것이다. 이후 배터리 자동차와 수소연료전지 자동차, 전기 모터와 가솔린 엔진을 결합한 하이브리드카도 무배출자동차로 인정하고 2010년까지 주 내의 주요 고속도로에 총 200개의 수소충전소 건설을 추진하고 있다. 그러나 수소 연료를 생산하려면 전기 공급이 필요한데 전기는 화석 연료를 연소해 얻는 것이어서 이산화탄소 배출량 감축에 기여하는 바가 적을 것으로 보인다.

교통으로 인한 오염물질 배출량이 전체 오염물질 배출량의 절반을 차지하는 멕시코 시티는 1989년부터 우리나라의 차량 10부제와 같이 번호판 번호에 따라 운행을 금지하는 제도를 실시하고 있다. 그러나 차량 임대가 늘어나고 여유가 있는 사람들은 차를 1대 더 구매하여 1가구 2차량이 많아지는 등의 부작용이 있어, 시민들이 적극 실천할 수 있는 효율적이고 다양한 정책이 요구되고 있다.

우리나라는 2006년부터 승용차 요일제를 시행하고 있다. 버스전용차로제와 자전거 전용도로 확대, 환승 주차장 시스템 확충도 승용차 운행을 감소시키는 방법이 된다. 서울시에서는 대기오염 물질의 감소를 위해 저공해 버스의 보급을 확대하고 공공 임대 자전거를 시범 도입 하는 등 친환경 정책을 전개하고 있다.

일본에서는 인구밀도가 높고 석유 자원이 부족하여 자전거를 교통수단으로 일찍부터 사용해왔다. 일본 정부는 1970년대 6만km의 자전거 도로를 건설했다. 시민들이 기차역까지 자전거를 타고 가기에 편하도록 거주지에 가깝게 기차역을 설치했고, 기차역에서 집이나 직장까지 자전거를 임대하는 자전거 임대제도를 실시하고 있다. 특히 도쿄는 자동차 등록비와 주차비가 비싸고 휘발유 가격이 미국에 비해 약 3배가 높아 자동차 유지비가 많이 든다. 그리고 일방통행 도로나 좁은 길을 확장하지 않아 자동차 주행을 불편하게 만드는 자동차 사용 억제 정책을 실시하여 자전거가 교통수단으로 정착될 수 있었다. 일본 가정의 약 80%가 자전거를 가지고 있으며, 가구당 평균 1.42대의 자전거가 있다. 이러한 일본의 1인당 연료 소비량은 미국의 10% 수준이다. 최근 자동차 사용을 선호하는 경향이 늘어났지만 수십 년 동안 에너지 절약과 대기환경을 개선해온 성공적인 사례로 꼽힌다.

그럼 일상에서 우리들이 할 수 있는 일에는 무엇이 있을까? 대부분의 이산화탄소는 주로 화력발전소에서 발생하므로 대기오염 물질을 줄이는 가장 좋은 방법은 전기 사용량을 줄이는 것이다. 전자제품을 사용하고 난 후 플러그를 뽑아놓는 일, 불필요한 전등을 끄는 일, 효율이 높은 전자제품을 사용하는 일 등이 모두 대기오염을 줄이는 일이다. 뿐만 아니라 물자를 절약하는 일, 쓰레기를 분리수거하여 재활용이 가능한 자원들을 다시 이용하는 일, 대중교통을 이용하는 일도 중요한 노력이다. 그 밖에 태양열, 풍력, 지열 등과 같은 대체 에너지 개발에도 관심을 가져야 할 것이다.

산성비 때문에 대머리가?

산성비는 일반적으로 산성도(pH)가 5.6 이하인 비를 말한다. 산성과 염기성의 정도를 나타내는 pH 지수는 1에서 14까지의 값을 가지는데, 7이면 중성, 그 이하면 산성, 그 이상이면 알칼리성이다. 그런데 오염되지 않은 빗물의 경우에도 대기 중 이산화탄소가 수증기와 반응하여 pH 5.6 정도의 산성을 띠므로 산성비의 산성도는 중성인 7보다 작은 5.6이 기준이 된다.

산성비는 안개나 눈의 상태로 내리는 물질과 황산화물(SO_x)과 질소산화물(NO_x) 등의 산성입자를 포함한다. 산성비는 화산 분출이나 산불에 의해 자연적으로 만들어지기도 하지만, 주택, 사업장, 공공 건물, 화력발전소, 공장, 자동차, 기차, 선박, 항공기 등에서 화석 연료가 연소될 때 방출된 아황산가스와 질소산화물이 공기 중의 물과 결합하여 빗물이나 눈 등의 형태로 지면에 내리게 된다.

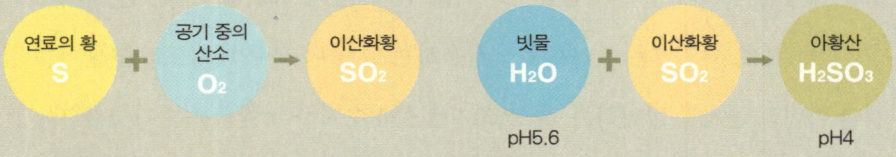

연료의 황 S	+	공기 중의 산소 O_2	→	이산화황 SO_2		빗물 H_2O	+	이산화황 SO_2	→	아황산 H_2SO_3
						pH5.6				pH4

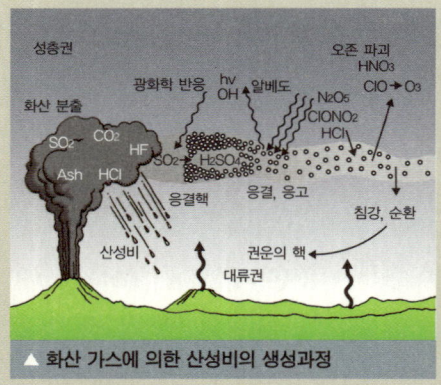

▲ 화산 가스에 의한 산성비의 생성과정

화산 분출 가스에 포함된 이산화황은 자외선에 의한 광화학 반응으로 황산이 되어 산성비가 된다.

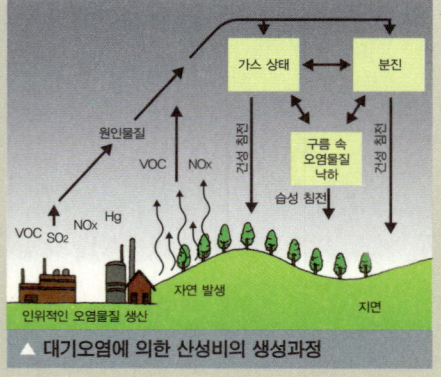

▲ 대기오염에 의한 산성비의 생성과정

공장에서 대기 중으로 배출된 오염물질은 기체 상태나 분진의 형태로 대기 중에 있다가 구름 속 수증기와 결합하여 산성비가 된다.

이렇게 내린 산성비는 생태계 전반에 영향을 미친다. 나뭇잎의 엽록소에서 일어나는 광합성 과정을 방해하여 식물의 생장을 해치고 나무가 자라는 토양을 산성화시켜 토양 속 생물과 식물의 상호작용을 방해한다. 하천이나 호수가 산성화되면 카드뮴, 납, 아연, 수은 등 중금속의 용해도가 증가해 수중 생태계의 균형도 파괴된다. 또한 산성비는 토양 중의 칼륨, 칼슘, 마그네슘, 나트륨 등 식물 생태계에 중요한 염기를 손실시키고, 질산 이온과 염산 이온 등의 음이온을 손실시켜 토양의 생산성을 떨어뜨린다. 특히 금속이나 대리석으로 만든 동상, 기념탑, 유적 등은 물른 구조물의 재료로 이용되는 시멘트는 산성에 약해, 교량, 빌딩 등의 건축 구조물이나 문화재를 손상시킬 수 있다. 수도관을 부식시켜서 수질에 심각한 오염을 가져올 수도 있으며 사람의 눈, 목, 피부를 자극할 뿐만 아니라 납, 수은 등의 유독성 물질이 먹이사슬을 통해 인간의 체내에 축적될 수 있어 그 피해는 매우 크다. 우리나라의 토양은 보통 pH 5.2 정도로 산성화 되어 있고 도심의 경우 산성도가 더 심하다.

▲ 산성비에 의한 부식
대리암으로 이루어진 동상의 얼굴이 산성비에 의해 녹아내리고 양쪽 손 부분도 녹아서 없어졌다.

WATERSHORTAGE

CHAPTER 09

물 부족

지구의 아름다운 자태는 우리가 알고 있는 어느 천체와 비교해도 뒤지지 않는다. 이렇게 우리가 살아가는 지구가 아름다운 것은 이곳에 물이 있기 때문이라면 역지일까? 지구를 아름답게 해줄 뿐 아니라 생명체 가 생명을 유지하는 데에도 필수적인 물이 점차 말라가고 있다. 물 부족의 현실을 알아보자.

01 🌐 아름다운 지구와 물

지구상의 물은 어디서 온 것일까? 어떤 이는 수십억 년 전 원시 지구가 형성되던 무렵에 지구 표면과 내부의 마그마가 식으면서 암석이 되는 과정에서 생겨났다고 한다. 마그마에 포함된 뜨거운 수증기가 냉각되면서 상태가 변해 물이 되었고, 이렇게 만들어진 물이 낮은 지형에 모였다는 것이다. 즉, 물의 기원을 지구 내부에서 찾는다. 그도 그럴 것이 표에서 보는 것처럼 현재에도 화산이 분출할 때 발생

▲ **푸른 지구의 모습**
유럽기상위성기구의 기상위성(METEOSAT)이 약 3만 6,000km의 고도에서 촬영한 모습이다.

하는 화산 가스 중 수증기가 차지하는 양은 평균 70~90%에 이른다.

또 다른 가설은 원시 태양계가 안정을 이루어갈 즈음에 얼음을 가진 수많은 소행성과 혜성들이 원시 지구에 충돌해 만들어진 것으로 설명한다. 물의 근원이 지구가 아닌 외계에서 왔을 것이라는 주장이다. 특히 태양계에서 납작하게 찌그러져 긴 타원궤도를 그리며 태양 주위를 돌고 있는 혜성들은 '더러운 얼음 덩어리dirty snow-ball'라는 별명이 붙을 정도로 다른 천체와 비교해 많은 양의 얼음을 포함하고 있다.

물의 생성과정에 대해서는 위와 같은 의견 외에도 다양한 주장들이 존재한다. 생각해 보면 지구 표면을 둘러싼 많은 양의 물의 기원을 하나의 이유에서만 찾는다는 게 무리일 수도 있다. 하지만 왜 우리와 이웃한 수성과 금성, 화성에서는 물이 거의 발견되지

더러운 얼음 덩어리 미국 천문학자인 프레드 휘플이 1950년대 발표한 논문에서 혜성을 이루는 물질에 대해 '돌이 섞인 얼음(icy conglomerate)' 이라는 가설을 처음 제기한 이후, 많은 학자들 사이에서 'dirty snow-ball', 즉 '더러운 얼음덩어리'로 불리고 있다.

화산 가스 성분 비교(미 지질조사국)			
화산	킬라우에아(미국, 하와이)	에르타알러(에티오피아)	모모톰보(니카라과)
형태	열점	발산형 경계	수렴형 경계
온도	1170°C	1130°C	820°C
수증기	37.1	77.2	97.1
이산화탄소	48.9	11.3	1.44
이산화황	11.8	8.34	0.50
수소	0.49	1.39	0.70
일산화탄소	1.51	0.44	0.01
황화수소	0.04	0.68	0.23
염화수소	0.08	0.42	2.89
불화수소	–	–	0.26

않는 것일까? 지구와 전혀 다른 태생의 비밀이 있는 것일까? 지구 외의 행성에서는 마그마의 활동이 전혀 없었던 것일까? 고체 상태의 물을 가진 혜성이나 소행성과의 충돌은 지구만의 행운이었을까? 그런 풍부한 물이 있는 지구에 내가 태어나 살고 있는 것을 과연 우연이라고만 해야 할까? 우연이라면 그 확률은 얼마나 될까? 의문이 꼬리를 물며 머리도 복잡해진다. 우주상에 이러한 행운이 어디에나 있는 것은 아닐 것이다.

물의 근원에 대한 이야기는 다음으로 미루고, 이제부터 우리가 살아가는 공간인 지구의 고민거리, 물 이야기를 해보자. 그런데 왜 물 이야기가 지구의 고민거리라는 걸까? 이미 오래전부터 물에 관심을 가져왔던 사람들은 우리가 사용하는 물이 부족해질 것이라고 예상했다. 지구 표면의 4분의 3이 물로 덮여 있는데 물이 부족하다고? 설마…….

02 🌐 물이 부족하다고? 설마…

앞서 이야기한 것처럼 바다는 지구 표면의 4분의 3을 덮고 있고 지구상 대부분의 물은 바다에 위치한다. 그리고 바다는 우리가 흔히 염분이라고 말하는 30～200‰에 이르는 많은 양의 광물질mineral을 포함한다. 바다에 포함된 광물질 중에 염화나트륨(NaCl)과 염화마그네슘(MgCl) 같은 것들은 우리 일상에서 유용하게 쓰이지만, 안타깝게도 광물질을 다량 함유한 바닷물은 아주 적은 부분을 제외하곤 우리가 이용하기에 그리 적합한 물이 아니다. 경우에 따라 광물질을 제거하고 사용할 수도 있겠지만, 생각보다 그 과정이 신속하지 못하고 경제성도 많이 떨어진다. 결국 우리의 주된 관심은 짜고 쓴 바닷물이 아니라 민물이라 알려진 담수에 한정된다. 그리고 이 사실로부터 우리의 고민이 시작된다.

지구에 있는 물 중에서 바다를 제외한 담수는 겨우 2.5%뿐이다. 인류가 연간 필요로

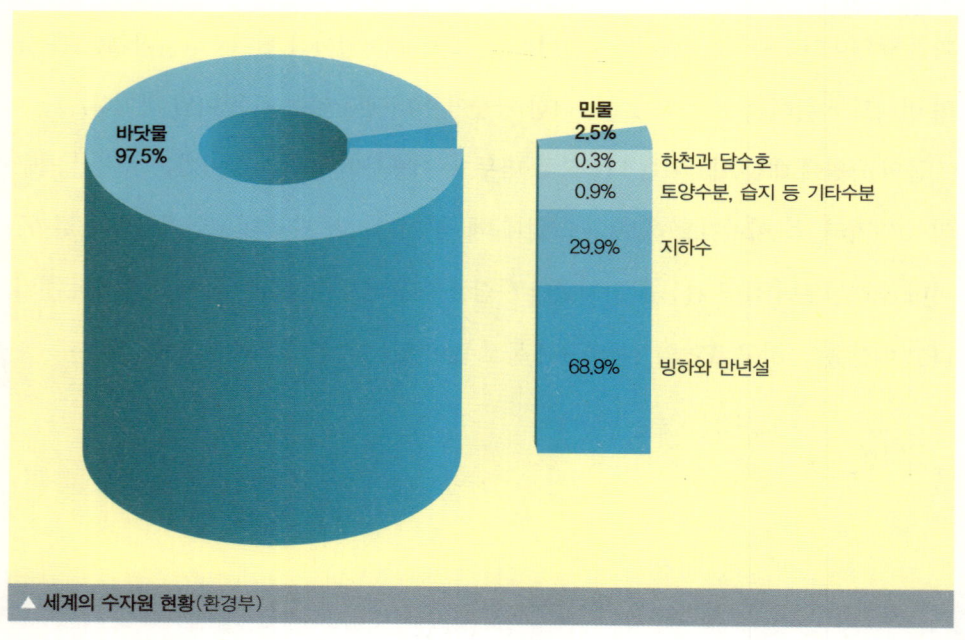

▲ 세계의 수자원 현황(환경부)

하는 물의 양을 고려할 때 고작 수십~수백 년 정도 쓸 수 있는 양이다. 그나마 담수 중 대부분은 빙하의 형태로 북극과 남극, 그리고 일부 고산지대에 존재하고 있는데, 그 양을 따져보면 전체 담수 중 68.9%에 해당한다. 그리고 담수의 29.9%는 지하수로, 0.9%는 토양과 대기 중에 있다. 따라서 우리가 사용할 수 있는 하천과 담수호의 물은 지구에 있는 총 물의 양에서 단지 0.0075%에 불과하다.

안타깝게도 우리가 사용할 수 있는 물은 생각만큼 풍성하지도 않을뿐더러 필요한 장소에 쓰기 쉽게 존재하지도 않는다. 0.0075%라는 수치는 인류가 사용할 수 있는 물이 수 년치밖에 없다는 뜻과 같다. 다행히 대기 현상에 의해 매년 빗물 등으로 다시 채워지고는 있지만, 다르게 말하면 우리는 물과 관련한 위기를 해마다 운 좋게 모면하고 있는 꼴이다. 그렇다면 채워지는 속도 이상으로 물을 쓰면 어떻게 되는 걸까?

사실 '0.0075%'란 수치에 우리의 모든 관심을 집중할 필요는 없다. 연구기관이나 연구자마다 기준이나 변인이 조금씩 다르고 지구상에 존재하는 물의 양을 정확하게 파악하는 것 자체가 불가능하기 때문이다. 다만 대부분의 물 관련 전문가들이 공통으로 말하는 것에 귀를 기울여야 한다. 그것은 우리가 사용할 수 있는 물의 양이 매우 한정되어 있고, 그 한정된 물이 지구상의 모든 나라에 공평하게 분포되어 있지 않다는 것이다. 그러므로 우리는 제한적인 물의 관리 및 사용과 관련하여 당면한 문제를 어떻게 극복할지 고민해야 한다.

03 세계적인 물 부족 실태

과학 기술의 발달과 함께 물의 용도도 다양해졌고, 과학의 활용 범위가 넓어지는 만큼 물 사용량도 꾸준히 늘었다. 전 세계적인 인구 증가뿐만 아니라 경제적인 생활 수준의

향상과 위생의식의 확대에
비례하여 물 소비가 늘었다
는 것은 여러분도 잘 알고
있을 것이다. 문제는 우리
가 사용할 수 있는 물의 양
이 매우 제한되어 있기 때
문에 벌어진다.

▲ 심각한 물 부족 문제
아프리카 케냐 빈민가의 한 아이가 마실 물을 담고 있다. 이곳은 물을 얻을 만한
곳이 많지 않으며 물 관리도 허술해 질병이 많다.

약간의 육식을 포함해 한
사람의 영양 섭취에 들어가
는 1년치 식량을 생산하려면 약 1,100t의 물이 필요하다고 한다. 이것을 기준으로 스
웨덴의 세계적 물 전문가 폴켄마르크는 "1인당 연간 물 사용 가능량이 1,000t 이하면
물 기근 국가로, 1,700t 이하면 물 압박 국가로, 1,700t 이상이면 물 풍요 국가로 분류
할 것"을 제안했다.

이 제안을 근거로 국제인구행동연구소PAI는 가까운 미래에 확대될 물 부족을 예측하
는 보고서를 발표했다. 보고서는 매년 재생성이 가능한 수자원량과 인구 관계를 기준으
로 세계 각국의 연간 1인당 사용할 수 있는 수자원량을 산정하고, 이에 따라 물 기근,
물 압박 및 물 풍요 국가들을 분류했다.

이 보고서는 곧 유네스코 및 세계기상기구에 의해 채택되었고, 1999년 2월 8일 스
위스 제네바에서 열린 '물 부족 해결을 위한 국제회의'에서는 다음과 같은 경고가 나왔
다. "현재 물 부족 사태를 겪고 있는 국가는 25개국이지만, 2025년에는 34개국으로 늘
어날 전망이고, 2050년에는 전 세계 인구의 약 20%가 식수난에 시달릴 것이다."

국제인구행동연구소가 작성한 표를 보면 물 부족 문제에서 우리나라가 결코 자유롭
지 않음을 알 수 있다. 국제인구행동연구소의 자료에 따르면, 1990년 당시 한 해에 한

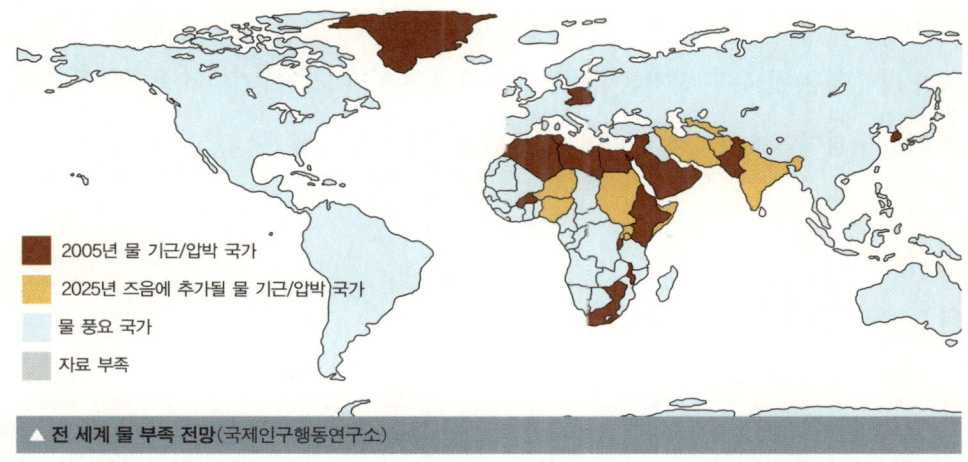

▲ **전 세계 물 부족 전망**(국제인구행동연구소)

전 세계적으로 물 부족 문제를 겪을 국가는 앞으로 늘어날 것이다. 우리나라는 이미 물 부족 국가로 포함되었다.

사람이 쓸 수 있는 물의 양이 1,452t이었던 우리나라는 아프리카의 리비아, 이집트와 함께 전 세계에서도 손꼽히는 물 부족 국가로 분류되었다. 다른 나라는 그렇다고 해도 대표적인 물 부족 국가로서 한국의 경제기적에도 일조했던 대수로 공사 현장인 리비아와 우리나라의 물 상황이 비슷하다니. 이 말에 동의할 수 있는 사람이 얼마나 될까?

국제인구행동연구소의 자료는 객관화된 자료, 즉 강수량, 인구수, 국토 면적, 식량 자원 등 몇 가지 변인들만을 고려한 결과다. 즉, 저수시설 등의 물 관련 정책이나 사회·경제적인 여건 등 복잡하고 다양한 변수들은 고려하지 않았다는 사실에 주의할 필요가

구분	물 사용 가능량/1년·1인	나타나는 현상	국가별 분류
국민 1인당 확보된 연간 담수량을 기준으로 본 국가 분류(국제인구행동연구소)			
물 기근 국가	1,000t 이하	경제 발전, 국민복지 및 보건이 방해될 정도의 만성적인 물 부족 경험	지부티, 쿠웨이트, 몰타, 카타르, 바레인, 바베이도스, 싱가포르, 사우디아라비아, 아랍에미리트연합국, 요르단, 예멘, 이스라엘, 튀니지, 카보베르데, 케냐, 부룬디, 알제리, 르완다, 말라위, 소말리아
물 압박 국가	1,000~1,700t	주기적인 물 압박 경험	리비아, 모로코, 이집트, 오만, 키프로스, 남아프리카공화국, 대한민국, 폴란드
물 풍요 국가	1,700t 이상	지역적 또는 특수한 물 문제만 경험	벨기에 외 128개국

있다. 그래서일까? 실제로 우리 국민들 중 우리나라를 물 부족 국가로 생각하는 사람은 그리 많지 않은 것 같다. 하지만 준비는 소홀한 채 자연의 도움에 기대어 미래에도 현재와 같은 안정이 지속되리라 기대하는 것은 무모한 욕심이 아닐까?

04 🌐 비가 이렇게 많이 오는데

"우리나라는 비가 많이 오기 때문에 물 걱정할 필요가 없다."고 말하는 사람들이 주위에 의외로 많다. 어떤 면에서는 맞는 말이다. 우리나라의 연평균 강수량은 1,274mm로 세계 평균 강수량인 973mm보다 약 1.3배가량 많기 때문이다. 하지만 다른 나라에 비해 우리나라는 상대적으로 인구밀도가 높다. 전체 국토에 공급된 강수량을 국민의 수로 나누었을 때 1인당 연 강수량이 2,705t이 되어, 세계 1인당 연 강수량 2만 6,800t의 10%에 지나지 않게 된다.

　문제는 여기서 그치지 않는다. 계절적으로도 우리나라는 가끔 내리는 하절기 소나기성 비를 제외하면 6, 7월에 20여 일 동안 지속되는 장마와 태풍이 연 강수량의 60~80%를 차지한다. 이렇게 집중된 비는 임시로 큰 하천을 형성하여 지표로 흐르고, 땅속으로 스며드는 일부 지하수를 제외하고는 바다로 빠져나가 버린다. 이렇듯, 자연적인 배경만을 놓고 본다면 우리가 살아가는 이 땅은 결코 물이 풍족한 곳이 아니다.

　실제로 생활 여건이 좋은 대도시를 제외하고 사용할 수 있는 물의 양은 그리 넉넉하다고 말하기 어렵다. 환경단체와 물 전문가들은 현재의 물 상황과 사람들의 물 소비 습관에 근거하여 가까운 미래인 10~20년 후에는 여러 가지 사회적이고 자연적인 제한으로 물을 지금처럼 자유롭게, 마음껏, 편하게 쓸 수 없을 것이라고 한목소리를 내고 있다. 물 부족 상황을 겪고 있는 일부 선진국에서는 집 앞 정원에 물 주는 것을 법적으로

연평균 강수량(mm)		1인당 연간 강수량(t)
1,274	한 국	2,705
1,405	일 본	4,227
982	미 국	34,270
753	영 국	3,147
578	중 국	4,446
318	캐 나 다	105,437
973	세계평균	26,800

▲ 세계 각국의 강수량(환경부)

제한하고 벌금과 구속 등으로 처벌을 가하고 있는데, 이것이 조만간 우리의 모습이 될 수 있다.

"무슨 말이야? 폭 넓은 강과 하천이 가까운 곳에 있고, 마을의 논과 밭을 흐르는 실개천이 지천에 널려 있는데 물이 부족할 수 있다고?" 이런 의문이 들 수도 있다. 그렇다면 지금 하천과 실개천으로 달려가보라. 물의 질은 둘째치고라도 어릴 적 물놀이 하던 기억에 견주어 그 수위가 현저히 낮아져 있지 않은가? 마을의 우물도 바닥을 드러낸 지이미 오래다. 유래 없이 호수와 댐의 가두어둔 물도 많이 줄어 보인다.

해를 거듭할수록 낮아지는 하천의 수위는 강수량의 변화 등 자연현상에 의한 것이 아니다. 그 원인은 생활 환경을 개선하기 위해 물을 잘 흡수하는 토양 대신 먼지가 적은 콘크리트나 아스팔트와 같은 포장재로 주거지역을 뒤덮어버렸기 때문이다. 자연적인 경우 빗물은 땅에 스며들고 일정량씩 서서히 낮은 지역의 하천으로 흘러드는데, 인위적으로 포장된 땅에선 지표면의 정비된 수로를 통해 일순간에 빠져나간다. 이는 땅속을 건조하게 만들 뿐만 아니라 비 오는 시기엔 홍수를, 그리고 나머지 시기에는 가뭄을 걱정해야 하는 결과를 낳았다. 어느 때부터인가 소방차를 동원해 도시의 가로수에 며칠 간격으로 연거푸 물을 주는 모습이 그리 낯설지 않게 된 것도 이 때문 아닐까?

05 🌐 우리의 물 사용 모습

이제 우리들이 일상에서 물을 어떻게 쓰고 있는지 생각해보자. 농업용수로 쓰는 물의 양은 151억t, 생활용수로 49억t, 공업용수로 25억t, 강의 기능을 유지하거나 기타 수력발전을 위해 57억t이 사용된다. 이는 전체 물 사용량의 54%, 17%, 9%, 20%에 해당한다.

농업지역은 물 문제에 있어서 매우 민감하다. 농작물이 생장하는 데 물이 꼭 필요하다는 사실은 누구나 알고 있다. 하지만 개개의 농작물들이 생장을 위해 보다 많은 물을 필요로 하는 시기가 자연적으로 물이 많은 시기와 항상 일치하지는 않는다는 사실도 알고 있는가? 그래서인지 눈이 거의 내리지 않은 건조한 겨울을 보낸 해에는 물이 많이 필요한 시기인 4, 5월 농번기가 되면 바닥을 드러낸 개울에서 자신들의 논과 밭에 서로 물을 대려는 크고 작은 다툼도 생긴다.

원료를 희석하거나 세척할 때, 혹은 용매나 촉매 등으로 화학 반응을 유도하기 위해, 혹은 공장 기계들의 마찰열을 줄일 때, 공업지역에서도 많은 물이 필요하다. 원자력발전소 등의 특수한 냉각장치들을 제외하고는 대부분의 산업 현장에서 윤활

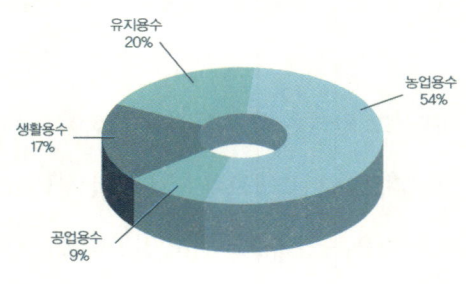

▲ **우리나라의 물 이용 형태** (환경부)

제와 냉각제로 흔히 쓰이는 것은 바닷물이 아닌 민물이다. 주로 철이나 그와 유사한 금속으로 만들어진 기계들이 바닷물 속에 녹아 있는 염분과 같은 광물질에 의해 녹이 슬거나 제기능을 발휘하지 못하게 되기 때문이다. 그래서 대체로 공업

▲ 생수 공장 건설을 반대하는 현수막

온천과 생수, 음료, 주류 생산 공장으로 인해 지역 주민들이 쓸 수 있는 지표수와 지하수량이 적어지면서 갈등을 빚고 있다.

지역은 농업지역만큼이나 하천, 지하수 등이 풍부한 곳에 위치한다.

그렇다면 평소에 우리의 물 사용 모습은 어떠할까? 보건 위생에 대한 개념은 사람의 수명을 연장시키는 획기적인 결과를 낳았지만 더불어 물의 사용량도 증가시켰다. 청결

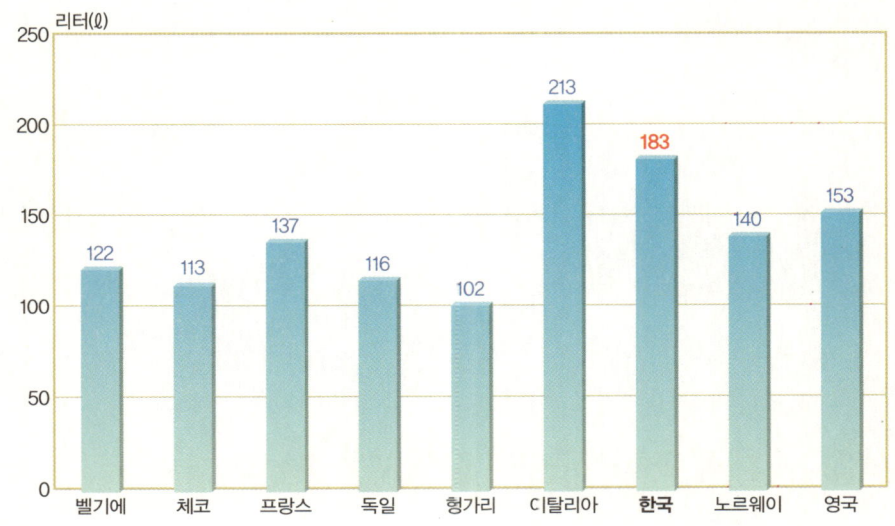

▲ OECD 국가의 1인당 가정용수 사용량(환경부, 1997년 기준)

을 추구하는 문명 속에서 물의 필요량 또한 커졌다. 그래서인지 소득 수준이 높은 나라일수록 물 사용량도 늘어나는 것이 특징이다. 하지만 우리는 다른 나라와 비교해 상대적으로 물을 많이 쓰는 편이다. 한국을 포함한 경제협력개발기구OECD에 속한 나라들의 국민 1인당 하루 동안 소모한 가정용수 사용량을 보면, 우리나라는 다른 어느 나라보다도 물 사용에 있어서 낭비적인 것으로 드러났다.

　자연에서의 물 공급이 풍족하지 않은데 계속 이렇게 물 낭비를 하다가는 아마도 가까운 미래에는 물을 '물 쓰듯' 하는 것도 돈 많은 사람들의 호사가 될지 모른다. 괜한 소리가 아니다. 이미 경제 논리에 근거해 물을 돈과 같은 재화나 사업의 대상으로 보는 시각이 많아졌고, 과거에 비해 현재 우리의 수입에서 물과 관련한 지출은 늘고 있다. 물론 물 문제는 경제 논리에만 그치지 않고 사회 전반으로 확대될 것이다.

새로운 복병, 생수 회사의 등장

공업용 물 사용 문제가 일부 지역에선 큰 화두가 되기도 한다. 하나의 예로 먹는 샘물과 온천의 무분별한 개발이 그것이다. 거대 생수 회사와 대중적인 술 제조 공장, 그리고 온천 관광지역의 일부 불법적인 지하수 개발은 해당 지역의 지하수위(地下水位)를 경쟁적으로 낮추었다. 그 결과, 지역 주민들은 지하수를 사용하는 데 제한을 받고 있다. 또, 지하수위가 급격히 낮아지면 땅꺼짐이 생겨 지반과 구조물의 안전이나 거주자의 생명에 심각한 위험요소가 되기도 한다. 땅꺼짐 현상은 암석과 흙의 빈 공간을 메우고 지지대 역할을 하던 지하수가 제거되면서 발생한다. 생수와 술, 온천 소비가 늘어날수록 특정 지역의 지하수 고갈과 땅꺼짐도 계속될 수밖에 없다. 단순히 지역적인 문제를 떠나 사회 · 국가적인 문제가 되어 개발과 보존을 사이에 두고 분쟁과 고민을 하는 사람들이 더 많아질 것이다.

06 ◉ 단지 부족한 것으로 끝일까?

지금까지 국가들 간의 갈등에는 이념, 석유, 무역, 인권이라는 실감나는 배경이 있었다.

이 배경들은 심한 경우 사람들의 생명마저도 빼앗아가는 것을 정당화했다. 여기에 더해 이제 막 시작된 21세기에는 물이 가장 극심한 갈등의 주제가 될 것이라고 전문가들은 확신한다. 조만간 물이 가장 중요한 자원으로 떠올라 석유와 석탄으로 대표되는 현재의 에너지 자리를 대체할 것으로 예상되기 때문이다.

물과 관련한 분쟁은 예전부터 있었다. 1967년 이스라엘과 아랍 국가 간에 종교전쟁으로 비춰졌던 '6일전쟁'은 요르단 강 물줄기를 시리아 쪽으로 돌리는 것이 전쟁의 원인 중 하나였다. 이라크 전에 터키가 참전한 것도 자국 내에서 발원하는 유프라테스 강과 티그리스 강의 철저한 수원 확보 및 관리를 위해서였다는 것도 공공연하게 알려진 사실이다. 더군다나 세계적으로 물 사정이 가장 열악한 아프리카 대륙은 물의 소유권과 관련해 종족 간에 분쟁이 빈번히 일어나 이로 인한 인명 손실도 매우 큰 상황이다.

남아메리카도 물 문제에서 자유롭지 않다. 세계에서 세 번째로 큰 지하 수맥인 구아라니 대수층帶水層은 브라질, 아르헨티나, 파라과이와 우루과이에 뻗어 있는 지하수다. 최근 아르헨티나의 지질학 보고서는 브라질이 다른 세 국가보다 지하수를 더 많이 쓰고 있고, 아르헨티나와 파라과이 국경에 위치한 미국 군사기지와 스페인 산업지구는 할당된 것보다 더 많은 양의 지하수를 사용하고 있다고 한다. 보고서는 만일 이 나라들이 수질오염과 지하수 분할 사용 문제를 통제하지 못한다면 중동과 같이 남아메리카에서도 물 전쟁이 일어날 것이라는 경고도 잊지 않았다.

중국의 물 부족 문제는 더욱 심각하다. 세계 인구의 5분의 1을 차지하면서 전 세계 물의 20분의 1만을 이용할 정도로 영토의 크기에 비해 사용 가능한 수자원량이 절대 부족한 상황이다. 얼마 전에는 물 부족이 초래하는 피해가 홍수로 인한 피해보다 2.5배나 크다는 연구 결과도 나왔다. 심지어 적정한 양의 물 공급이 이루어지지 않을 경우 앞으로 30년 이상 사회·경제적 발전에 엄청난 장애가 예상된다는 중국 내 언론의 경고성 보도도 흔한 일이 되었다. 지역마다 수량의 편차도 심해서 이를 극복하기 위해 댐과

미래의 물 전망에 대한 예측(한국수자원공사)	
국제인구행동연구소	현재 5억 5,000만 명이 물 압박 국가나 물 기근 국가에 살고 있고 2025년까지 24억~34억 명의 사람들이 물 압박 또는 물 부족 국가에 살게 될 것이다.
미국 NIC(미 CIA 산하기구) (2000)	2015년에는 세계 인구의 절반이 넘는 30억 명 이상이 물 부족 국가로 분류되는 나라에 살게 될 것이다.
세계기상기구	2025년에는 6억 5,300만~9억 400만 명이, 2050년에는 24억 3,000만 명이 물 부족을 겪을 것이다.
앤더슨 유엔 국제식량기구연구소장 (2001)	앞으로 25년 이내에 5개국 중 한 나라가 심각한 물 부족 사태에 직면할 것이다.
산드라 포스텔 세계관측연구소 (2001)	향후 30년간 지구상의 인구는 약 24억 명이 더 늘어날 것이다. 그런데 식량 생산에 필요한 물의 40%만 강에서 가져와도 농업용수가 매년 1조 7,500억t씩 늘어나야 하며, 이 양은 대략 20개의 나일강 또는 97개의 콜로라도 강의 규모와 맞먹는다.
국제원자력연구소	현 추세대로라면 2025년 약 27억 명이 담수 부족에 직면하게 된다. 현재 약 11억 명이 안전한 식수원에 접근하지 못하고, 25억 명이 비위생적인 환경에 놓여 있으며, 500만 명 이상이 수인성 질병으로 사망한다. 비위생적인 물로 인한 사망자는 전쟁으로 인한 사망자의 10배에 달한다.
유엔 요하네스버그 정상회담(2002)	2050년 세계 인구는 90억 명에 이를 전망이다. 11억 명이 안전한 식수 부족에 직면할 것이며, 개발도상국 질병 원인의 10%는 안전한 식수 부족 또는 물 부족에 기인한다.
유엔 세계수자원개발보고서 (2003)	지구의 1인당 담수 공급량은 앞으로 20년 안에 3분의 1로 줄어들고 2050년까지 적게는 48개국 20억 명, 많게는 60개국 70억 명이 물 부족 상황을 겪을 것이다. 2050년까지 인구는 93억 명으로 늘고, 오염된 담수원 면적은 현재 관개용 수자원 면적의 9배에 달할 것으로 예상된다.
캐나다 회의 (캐나다시민단체) 마우드 발로(2004)	산유국이 카르텔을 형성, 석유 자원을 무기화했듯이 머지않아 물이 풍부한 국가들도 그렇게 할 것으로 전망된다.

같은 거대 저수시설을 늘리는 일에 힘쓰고 있지만, 오히려 수몰지역의 환경 파괴와 주민의 강제 이주와 같은 부작용이 더 큰 실정이다.

　세계은행은 "20세기의 자원 전쟁이 주로 '석유' 때문이었다면, 다음 세기는 대체할수도, 재생할 수도 없는 '물'이 재앙의 씨앗이 될 것"이라고 전망했다. 세계 인구의 폭발적 증가와 갈수록 심해지는 환경 오염이 맞물려 우리가 이용할 수 있는 수자원이 점점줄어들고 있기 때문이다. 심지어 2000년 3월 네덜란드 헤이그에서 열린 '제2차 세계수자원포럼'에서 이스마엘 세라겔딘 세계물위원회 위원장은 "물의 중요성을 인식하지못하고 지금처럼 수자원을 남용하면, 2025년에는 사용 가능한 수자원이 전 세계 필요량의 50%에도 미치지 못할 수 있으며, 현재도 매년 700여만 명이 물 부족이나 물 오염으로 인한 질병으로 사망하고 있다."고 경고의 메시지를 전했다.

07 ⊕ 우리가 할 수 있는 것

물은 공기와 함께 지구상의 생명체가 살아가는 데 기본이 되는 물질이다. 다시 말해 살아 있는 모든 생명은 물을 필요로 한다. 그리고 물의 양과 질은 지구 생명체의 활동에 매우 큰 영향을 준다. 이처럼 중요한 물의 역할을 잘 알고 있는 우리가 물 부족 문제를 해결하기 위해 어떤 노력을 할 수 있을까?

아주 오래전부터 지금까지 지상에 저수시설을 마련하는 것이 물의 저장 형태 중 가장 보편적인 방법으로 사용되었다. 하천의 물을 바다로 그냥 흘려보내는 것은 어찌 보면 자원 낭비처럼 보인다. 때문에 저수시설을 세우고 물을 가두는 것은 부족한 물 문제 하나만을 고려할 때 가장 손쉬운 방법이다. 그러나 근대에 들어와 거대 규모의 댐을 만들게 되면서 여러 가지 부작용도 생겼다. 개인 재산권의 침해, 수몰, 환경 문제가 그것이다. 거대 저수시설의 확충으로 도시민들은 안정적으로 물을 공급받을 수 있게 되었지만, 수몰지역민들은 부모 세대와 그들 생애에 걸쳐 이뤄놓았던 생활 터전을 잃었다. 또한 수몰지역의 자연을 크게 바꾸어 기상과 생태 분야에서 많은 환경 문제를 초래했다. 이처럼 단순히 대세라는 명목만으로 공개적이고 충분한 합의과정 없이 다수의 편리함을 위해 소수의 피해가 정당화 되는 것은 더불어 살아가는 지금 세상의 모습과 어울리지 않는다.

빗물 저장시설도 물 문제 해결을 위한 대안이 될 수 있다. 빗물의 경우 복잡한 여과과정이 아니어도 손쉽게 생활용수와 식수로 쓸 수 있기 때문이다. 이미 일부 가정과 회사, 스포츠 경기장이나 골프장에서 이렇게 모은 빗물을 화장실, 냉각탑 보급수, 식물 재배를 위한 수경용수, 소방용수, 재해용수, 시설물 세척 등의 용도로 쓰고 있고, 유지관리 비용을 줄이는 일석이조의 효과도 거두었다.

빗물을 도시 규모로 이용하기 위해 거대 지하 저장시설을 설치할 수도 있겠다. 특히 거대 지하 저장시설은 우리나라와 같이 특정 시기에 집중호우가 내리는 곳에서 도시 내 홍수 예방 효과도 기대할 수 있다. 이미 외국에서 수입해 온 원유와 천연가스를 국내에 안정적으로 공급하고자 지하에 거대 터널을 뚫어 저장시설을 만들어 사용하고 있는 우리에게 이 방법은 그리 어렵지 않은 대안이 될 수 있다.

오래된 상수도관의 교체도 한 방법이다. 서울시만 놓고 보더라도 상수도관 전체에서 약 37%에 해당하는 5,276km의 상수도관이 노후(설치 후 15년 경과)되었다. 2006년 국정감사자료에 따르면, 노후된 상수도관 때문에 해마다 가정으로 공급되는 물의 약 10%인 560억 원에 이르는 비용이 버려지고 있다고 경고했다. 문제는 여기서 그치지 않는다. 누수되는 관을 통한 오염물질의 유입, 오래된 관 내부의 미생물과 세균의 번식, 부식에 의한 아연 및 철 성분의 금속광물 등의 유입에 대한 의심을 키워, 이미 국가에서 많은 예산을 들여 조성한 상수도 시설로부터 추가적인 경비를 부담하여 정수기나 먹는 샘물로 소비자의 눈을 돌리게 하는 결과를 낳았다.

우리 주변 하천의 수질을 깨끗하게 유지하는 것도 중요하다. 생활하수 속의 합성세제, 공장 폐수의 중금속, 축사 배설물의 야외 방치와 농작물 비료의 과다 사용은 하천을 상하게 한다. 또한 근래 하천 수위가 낮아져 오염물질을 자연정화 할 수 있는 물의 양이 적어진 것도 수질 오염을 가속화시켰다. 수질 오염은 우리가 사용할 물의 양과 질을 심각하게 제한한다. 특히 지하수는 한번 오염되면 우리 세대뿐만 아니라 수백, 수천 년 뒤 미래 후손에게까지 영향을 미칠 정도로 물의 순환과정이 느리기 때문에 더욱 철저한 관리가 요구된다.

꼭 필요한 만큼만 쓰고 물을 절약하는 것도 물 부족 문제를 해결하는 데 큰 도움이 된다. 어찌 보면 이 방법이 가장 모범적인 태도가 아닐까? 물 사용량을 줄인다면 기대 이상의 긍정적 결과를 가져올 수 있다. 지금처럼 많은 물을 공급하지 않아도 되고, 경제적·사회적으로 문제를 일으킬 수 있는 저수시설이나 상수도시설, 정수시설 등을 무리해서 늘릴 필요도 없다. 하수 발생량도 줄어들어 하천의 수질도 좋아질 뿐만 아니라 수질 개선을 위한 노력과 비용도 줄어든다. 오히려 이렇게 절감된 비용으로 지리적으로 물이 부족한 열악한 환경에 놓인 지역에 투자와 지원도 할 수 있다.

다행스런 것은 최근 몇 년간 물 소비량이 조금이나마 감소한 것이다. 이는 물 절약 의지를 도와주는 절수기의 사용에 기인한다. 절수기의 효과는 제법 커서 20~60%, 또는 그 이상의 절감 효과를 가져왔다. 하지만 지속적인 우리의 물 필요 욕구를 잠재우기에는 여전히 한계가 있다. 이를 극복하려면 우리 스스로 사용하는 물의 양을 줄이고자 하는 의지와 노력이 반드시 필요하다.

08 🌐 자연과 더불어 사는 지혜

하나뿐인 지구에서 자연과 함께 살아가기 위해 인간들이 포기해야 할 부분은 무엇인지 함께 생각해보자. 지난 100년이 물의 사용과 개발을 목적으로 한 시기였다면 도래한 21세기는 물의 공급과 수요를 체계적으로 고려하고 자연을 거스르지 않으며 살아가는 방법을 모색하는 시기가 되어야 할 것이다.

20여 년 전, 88서울올림픽 즈음해서 마시는 물이 일반 상점에서 시판되었을 때 수도를 틀면 콸콸 쏟아져 나오는 물을 돈 주고 사서 먹는 것은 낯선 풍경이었다. 하지만 지금은 어떠한가? 놀이공원과 관광지 등에서 같은 양의 석유보다 더 비싼 값으로 판매되는 물을 아무렇지도 않은 듯 사서 마신다. 그렇다면 앞으로 20년 후엔 물 한 병을 사는

데 얼마의 비용을 지불해야 할까? 그리고 또 20년 후에는?

역사적으로 우리나라는 전형적인 농경사회였고, 농작물을 재배하고 수확을 늘리기 위한 방편으로 물이 필요했다. 그 때문에 우리 선조들은 큰 하천에서 멀리 떨어져 있거나 해발고도가 높은 산악지역을 중심으로 작은 규모의 저수시설을 만들었다. 이는 우리나라에서 물을 관리하는 치수治水의 역사가 이미 오래전부터 시작되었음을 의미한다. 자연을 이해하고 적응하려 한 우리 선조들의 노력이 지금의 우리가 강수 조건이 비슷한 다른 나라에 비해 물 걱정을 조금이라도 덜하며 살 수 있는 이유일 것이다.

그러나 시간이 지날수록 우리가 쓸 수 있는 물의 양은 점점 줄어들 것이 확실하다. 우리의 지금 모습이 문제되는 것은 아닐까? 아무리 돌이켜봐도 선조들처럼 자연을 이해하고 자연에 순응해보려는 노력은 보이지 않는다. 오히려 자연 위에 군림하며 자연을 분석하고 지배하려는 자만심과 오만함이 우리 스스로를 궁지로 몰고 있는 것은 아닌지 생각해봐야 할 문제다.

"물 전쟁을 예방하기 위해 세계평화유지군이 필요하다."

— 제4차 세계물포럼(WWF) 개막연설에서 루아크 포송 위원장, 2006년 3월 16일

"2030년이면 전 세계 30억 명이 물 부족을 겪을 것이다. 현재도 세계 인구의 20%인 11억 명이 더러운 물을 마시고 있다. …… 물 공급의 양극화도 심각해져 미국과 아프리카 잠비아의 1인당 물 소비량은 120배 이상 차이가 난다. …… 21세기 들어 물 분쟁이 에너지 분쟁보다 더 많아질 것이다."

— 유엔의 「물; 공유된 책임」 보고서 인용

"중국의 물 부족이 한 해에 직접적으로 경제에 미치는 피해액은 350억 달러에 이른다."

— 중국 신화통신(중국과학기술부보고서 인용보도), 2006년 2월 19일

"지구 온난화 때문에 세계 6개 지역에서 '물 전쟁'이 일어날 우려가 있다."

— 존 리드 영국 국방장관

"아프리카와 중동 등지에서 이미 약 3억 명이 심각한 물 부족을 겪고 있으며 2050년이 되면 전세계 인구의 3분의 2가 물 부족 사태에 직면할 것이다."

— 물부족대책 국제회의에서 가브제이드 세계물회의 의장, 1999년 2월 스위스 제네바

"전 세계에서 약 12억 명이 깨끗한 물을 마시지 못하고 있으며 500만~1,000만 명이 매년 수인성 전염병으로 목숨을 잃고 있다."

— '세계물의해'에 발표된 유엔환경계획(UNEP)보고서, 2006년 3월 27일

"깨끗한 물은 생명체에 절대 필요하다. …… 물 부족이 세계 평화와 안보를 위태롭게 하고 있다."

— 도미니크 부아네 프랑스 전 환경장관

"물 문제를 해결하는 사람은 두 개의 노벨상, 즉 노벨 평화상과 과학상을 받을 것이다."

— J. F. 케네디

TYPHOON

SURGE

HURRICANE

4교시
우주 변동 탐사

TORNADO

EARTHQUAKE

LIGHTNING

천 재 지 변 탐 사 학 교

CHAPTER 10 **천체 충돌**

CHAPTER 11 **지구 자기권**

 관 련 단 원

CHAPTER 10 천체 충돌
중학교 과학2 : 지구와 별
고등학교 과학 : 태양계와 은하
고등학교 지구과학1 : 지구 환경의 변화

CHAPTER 11 지구 자기권
고등학교 지구과학1 : 지구 환경의 변화
고등학교 지구과학2 : 지각의 물질과 지각 변동

COLLISION

CHAPTER

10

천체 충돌

가끔 천체가 지구에 근접했다가 아슬아슬하게 비껴가는 일이 생긴다. 1908년에는 커다란 운석이 시베리아 평원 상공에서 폭발해 수천만 그루의 나무가 전소된 사건드 있었다. 천체 충돌, 더 이상 영화 속 이야기가 아니다. 천체 충돌과 우주과학의 세계로 떠나보자.

01 🌐 천체 충돌의 위험성은 어느 정도일까?

구글 어스Google Earth 프로그램으로 미국 서부의 애리조나 주나 캐나다 동부의 퀘백 주를 검색해보면 거의 원형에 가까운 지질 구조를 발견할 수 있다. 이러한 원형의 지형들은 지구상 곳곳에서 발견된다. 어떻게 이런 지형이 생긴 걸까? 분명 화산 때문은 아니다. 화산의 분포는 판의 경계와 어느 정도 일치해야 하는데, 이들의 분포는 판의 경계와는 무관해 보인다. 그렇다면 이런 지형의 정체는 무엇일까? 그것은 바로 천체 충돌에 의해 만들어진 운석 구덩이crater다.

지름 40km 이상의 운석 구덩이 목록			
운석 구덩이 이름	운석 구덩이의 위치	지름(km)	형성 시기(만 년 전)
브레드포트(Vredefort)	남아프리카 공화국	300	202,300 ± 400
서드베리(Sudbury)	캐나다 온타리오	250	185,000 ± 300
칙술럽(Chicxulub)	멕시코 유카탄 반도	170	6,498 ± 5(신생대)
매니쿼건(Manicouagan)	캐나다 퀘벡	100	21,400 ± 100
포피가이(Popigai)	러시아	100	3,570 ± 20(신생대)
체사피크 만(Chesapeake Bay)	미국 버지니아	90	3,550 ± 30(신생대)
아크라만(Acraman)	호주 남부	90	~ 59,000
푸체-카툰키(Puchezh-Katunki)	러시아	80	16,700 ± 300
모로크웽(Morokweng)	남아프리카공화국	70	14,500 ± 80
카라(Kara)	러시아	65	7,030 ± 220
비버헤드(Beaverhead)	미국 몬타나	60	~ 60,000
투쿠누카(Tookoonooka)	호주 퀸스랜드	55	12,800 ± 500
샤를부아(Charlevoix)	캐나다 퀘벡 주	54	34,200 ± 1500
카라-쿨(Kara-Kul)	타지키스탄	52	〈 500(신생대)
실리안(Siljan)	스웨덴	52	36,100 ± 110
몽따니에(Montagnais)	캐나다 노바스코샤	45	5,050 ± 76(신생대)

(출처: 뉴브런즈윅대학 지구우주과학센터 www.unb.ca/passc/impactdatabase)

지금까지 지구상에서 운석 충돌 구덩이로 확인된 것들 중에서 구덩이의 지름이 40km가 넘는 것들을 정리한 목록을 보자. 운석 구덩이의 생성 간격은 불규칙하지만 20억 년 동안 16개의 대형 운석 구덩이가 생긴 꼴이므로 간단한 계산만 해 봐도 1억 년마다 0.8개 정도의 대형 운석이 지구와 충돌했음을 알 수 있다. 그러나 이것은 현재 확인이 가능한 운석 구덩이들만을 고려한 것이다. 더 많은 운석 구덩이들이 지질학적인 변화과정을 거치면서 사라졌을 수도 있다.

▲ **운석에 맞은 자동차와 운석**
1992년 엄청난 유성우가 쏟아지던 밤 운석에 맞은 이 차는 그 후 박물관에 전시되고 있다.

　　비교적 최근에 생긴 운석 구덩이들을 살펴보면, 신생대 이후인 6,550만 년 동안 5개의 대형 운석 구덩이가 생겼고, 이것은 앞서 본 전체 지질시대의 평균치에 비해서 발생 빈도가 높다는 사실을 알 수 있다. 결국 거의 1,000만 년에 한 번 정도는 대규모의 충돌을 예상해야 한다는 뜻이다. 천체 충돌은 과연 지구에 어떤 결과를 가져오게 될까?

　　"소행성이 지구와 충돌할 확률은 하늘을 날고 있는 비행기가 당신 집 앞마당에 떨어질 확률보다 낮다."

　　"머리에 벼락이 떨어질 확률은 소행성이 지구와 충돌할 확률보다 높다. 그렇다고 매일 하늘을 보면서 벼락을 걱정하며 살지는 않지 않나."

　　이런 말로 천체 충돌의 위험을 무시하려는 사람들이 있다. 그러나 이러한 자연재해를 단순히 발생할 확률로만 계산하는 것이 현명한 일일까? 벼락이 머리에 떨어지면 한 사람의 사상자가 생기는 것이며, 송전선에 떨어지면 정전 등으로 인한 피해가 발생할 것이다. 그러나 지름 10km 정도의 소행성이 충돌하면 어떻게 될까? 이는 몇 사람의 부상이나 정전 등으로 끝날 문제가 아니다. 인류의 대부분 혹은 전 인류, 아니 지구상 모든 생명체의 생존이 걸린 문제다.

사실 조그만 운석의 충돌은 가끔씩 일어나는 일이다. 지난 1992년 10월 9일 뉴욕 주의 픽스킬 지방에는 엄청난 유성우가 쏟아졌는데, 특히 유성의 밝기는 보름달보다 밝았다고 한다. 이 유성우를 만들어낸 유성체들 중 일부는 운석으로 땅에 떨어졌고, 그 중 하나는 자동차 트렁크를 때리는 등 비교적 경미한 사고를 일으키기도 했다.

2029년 거대 소행성, 지구로 접근하다

2029년 4월 13일 금요일. 거대한 소행성 하나가 지구로 다가온다. 13일의 금요일에 일어나는 소행성의 접근. 이러한 사실만으로도 상당한 이야깃거리를 제공해줄 수 있는 일이 예측된다. '2004 MN4'라는 이름이 붙여진 지름 400m 정도의 이 소행성은 수많은 사람들의 이목을 집중시켰고, 수많은 천문학자들이 이 소행성의 예상경로를 계산하고 있다. 결과는 계속 바뀌고 있지만, 2029년 4월 13일 지구에 상당히 근접할 것은 확실하다. 다음 그림은 미 항공우주국(NASA)에서 제공한 것으로, 그림을 가로지르는 비스듬한 하얀 점들은 2029년 4월 13일 소행성이 위치할 가능성이 높은 곳을 표시한 것이다. 달보다 훨씬 더 지구에 근접하는 것을 확인할 수 있다.

지구 근접 물체들의 대다수는 거대한 바위나 철덩어리들로, 특이한 궤도를 그리며 태양 주위를 돈다. 이들은 때때로 지구 궤도를 가로질러 지나간다. 이 소행성이 지구와 충돌할 경우 지구상의 모든 핵무기를 터뜨린 것보다 더 위력적인 폭발력으로 미국의 텍사스 주나 유럽 국가들 1, 2개를 없애버릴 수 있다.

지구에는 매일 25t의 먼지와 모래 크기의 입자들이 대기권으로 들어오다 타버리며, 1년에 한번 정도는 승용차 크기의 소행성이 지구 대기권에 들어오지만, 대부분 지구 표면에 닿기 전에 타 없어진다.

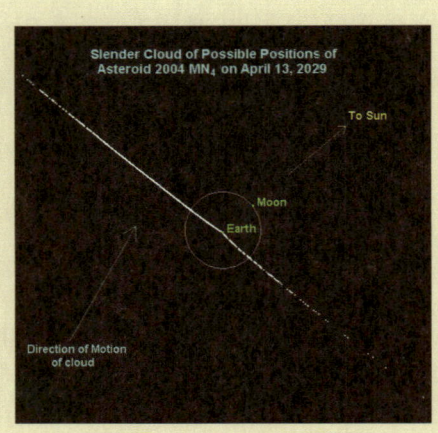

▲ 소행성의 예상 경로

02 🌐 가까이 하기엔 너무 위험한 이카루스

태양계의 화성과 목성 궤도 사이에는 소행성대가 존재한다. 이들은 초기 태양계가 생성되는 과정에서 미행성체들이 행성으로 성장하던 시기에, 목성의 중력으로 인해 행성으로 성장하지 못한 미행성체들이 그대로 머물고 있는 곳이다.

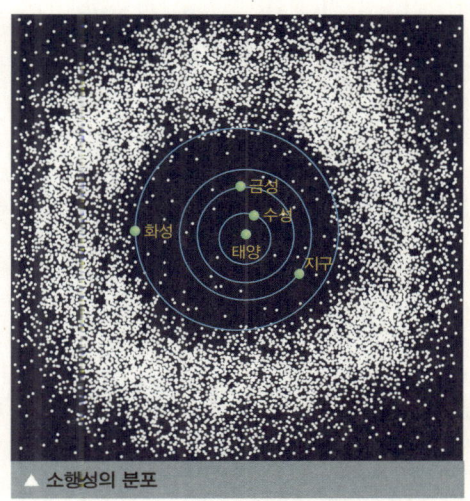

▲ **소행성의 분포**

대부분의 소행성이 화성과 목성 사이에 존재하지만 지구 궤도 안에도 많은 소행성이 있다.

소행성의 대부분은 화성 궤도 바깥에 존재하지만 일부 소행성은 지구 궤도 안쪽에 위치하기도 한다. 따라서 이러한 소행성들 중 일부는 지구와 근접할 가능성이 있으며, 충돌 위험도 높다. 이러한 이유로 소행성들 중에서 지구와 근접할 가능성이 있는 천체들을 따로 분류해 연구하는 것을 지구근접천체연구Near Earth Objects Project라고 한다.

충돌 가능성이 있는 대표적인 소행성은 1566 이카루스*다. 1949년 발견된 이후 이카루스는 태양 주위를 공전하며 15~20년 정도 주기로 지구에서 그다지 떨어지지 않은 곳까지 다가오며 지난 1968년에는 지구와 달 사이 거리의 겨우 2배 거리까지 접근하기도 했다. 1996년에는 약간 먼 궤도를 지났지만, 다음 지구 근접일인 2015년 6월 16일에도 1968년과 비슷한 거리까지 접근할 것으로 예측하고 있다.

이카루스 그리스 신화 속의 인물로, 최고의 손재주를 가진 아버지 다이달루스와 함께 미노스 왕에 의해 크레타 섬의 탑에 갇혀 있다가 아버지가 만든 밀랍날개로 함께 탈출했다. 그러나 이카루스는 하늘을 날 수 있다는 사실에 너무 흥분해, 높이 날지 말라는 아버지의 말을 잊고 너무 높이 올라가 태양열에 밀랍이 녹는 바람에 떨어져 죽었다.

03 ⊕ 천지를 뒤흔든 놀라운 힘

"청백색의 매우 밝은 빛이 하늘을 밝게 비추었다. 그 물체는 파이프 모양이었다. 동트기 직전의 하늘에는 구름이 없었고 이 빛나는 물체가 지나간 하늘 뒤로는 검은 구름이 보였다. 주위가 뜨겁고 건조한 느낌이 들었다. 이 물체가 지면 근처에 왔을 때 갑자기 땅이 쪼개지는 것 같은 소리가 났고 엄청난 충격파가 몰려왔다. 천둥과는 달랐는데, 마치 큰 돌이 땅에 떨어진 것 같기도 하고 총소리 같기도 했다. 동시에 건물이 흔들렸고, 갈라진 구름 사이로 불길이 보였다."

"아침에 현관에 앉아서 북쪽을 바라보고 있었다. 그런데 갑자기 하늘이 둘로 갈라지면서 숲 위쪽인 북쪽 하늘 전체가 불길에 휩싸였다. 그때 마치 셔츠에 불이 붙은 것 같은 엄청난 열기가 느껴졌다. 잠시 후 고막이 찢어질 것 같은 거대한 충격음이 들려왔다. 나는 5~6m나 날아가 내동댕이쳐졌고 한동안 정신을 차릴 수가 없었다."

1908년 6월 30일 아침 7시 14분 러시아 시베리아 지방의 퉁구스카 강 상공에서 거대한 푸른 유성이 하늘을 가로지르다 공중에서 폭발했다. 이곳으로부터 70km 떨어진 곳의 사람들도 땅이 흔들리는 것을 느낄 수 있었다. 7시 18분에는 이 충격으로 발생한 지진의 진동이 893km 떨어진 기상 관측소에서 감지되었다. 약 45분 뒤에는 같은 관측소에

▲ **퉁구스카 사건 후의 풍경**
1908년 러시아 시베리아의 퉁구스카 강 상공에서 폭발한 유성의 영향으로 주변의 나무들이 한 방향으로 쓰러져 있다.

서 공기를 통해 전달된 충격파가 기록되었다. 이 충격파는 유럽을 가로질러 베를린 근교 포츠담에 도달했으며, 잠시 후 런던 기상 관측소와 영국의 다른 여러 기상 관측소에서도 기록되었다.

퉁구스카에 유성이 떨어진 그날 밤, 유럽 전역과 서시베리아의 밤은 이례적으로 밝게 빛났고, 이후 몇 주 동안 이 현상은 계속되었다. 《런던 타임즈》에는 다음과 같은 독자의 글이 실리기도 했다.

"이상할 정도로 밝은 밤하늘 덕분에, 수많은 골퍼들이 멋진 밤하늘을 보기 위해 밤 11시가 되도록 골프장을 거닐었다. 그들은 바다 너거 북쪽 하늘에서 해질 무렵의 환상적인 아름다움을 느낄 수 있었다. 이게 끝이 아니라 새벽 2시 30분에도 동쪽 하늘이 멋지게 물들었고 이 현상은 한동안 계속되었다. 이날 창밖이 너무 밝아 일어나보니 새벽 1시 15분밖에 되지 않았으며, 응접실에서 책을 읽는 데도 불편함이 없었다. 1시 45분 북쪽과 북동쪽 하늘은 우아한 연어 살빛으로 물들었는데, 새들이 아침 노래를 부르기 시작했다."

퉁구스카 폭발은 2,000km²가 넘는 시베리아의 산림을 휩쓸었는데, 이는 서울보다도 넓은 면적이다. 레오니드 A. 쿨릭 교수가 이끄는 소비에트 과학 아카데미 탐사대는 1930년이 되어서야 충돌 지점을 탐사했다. 22년이 지났지만 재앙의 흔적은 생생히 남아 있었다. 쿨릭 교수는 다음과 같이 말했다.

"우리의 관측 지점으로부터 보면 과거 산림의 흔적은 찾을 수가 없으며, 모든 것은 불타고 황폐해졌다. 또, 죽음의 경계 주변에는 20년 정도 된 숲이 햇볕과 생존을 위해 격렬히 성장하고 있었다. 거대한 나무들이 마치 잔가지가 부러지듯이 쓰러져 있고, 나무 꼭대기가 부러져 수십 미터 남쪽으로 집어던져진 모습들은 보는 이로 하여금 공포를 느끼게 할 정도였다."

이 퉁구스카 사건의 원인에 대해서는 다양한 가설들이 제기되었지만, 운석이나 혜성 충돌에 의해 발생했다는 설이 가장 유력하다.* 혜성이건 운석이건 지구 주위에는 지구를 위협하는 수많은 천체들이 떠돌고 있다. 이들 중 하나가 지구로 떨어진다면 지구는 퉁구스카 지역이 겪었던 일과 비슷한 일을 겪게 될 것이다.

04 ⊕ 지구상의 운석 구덩이 분포

운석은 2005년까지 약 3만 개가 발견되었으며, 남극 탐사를 통해 매년 많은 양의 운석이 새로 발견되고 있다. 우리나라도 지난 2007년 1월 남극 운석 탐사대가 5개의 남극 운석을 발견해 국내로 가져왔다. 지구상에서 발견된 운석 중에서 가장 큰 것은 아프리카 나미비아에서 발견된 호바Hoba 운석으로 무게가 약 60t 정도 나간다.

　일제시대에도 4개의 운석이 한반도에 떨어진 것으로 알려졌으나 행방은 모두 묘연했다. 그 중 1943년에 전라남도 고흥군 두원 지역에서 발견된 2.1kg의 운석(두원 운석)은 발견자인 일본인 교사가 일본으로 가져가 일본 국립과학박물관에 비공개로 보관되어오

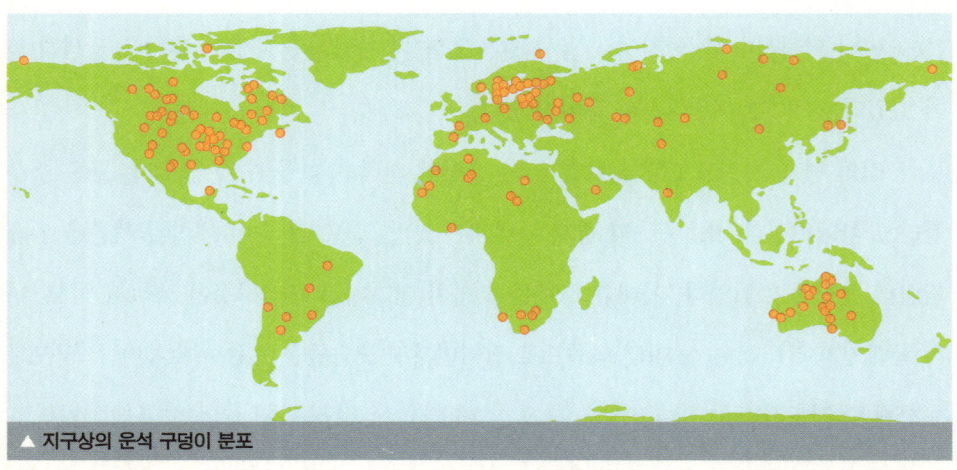

▲ 지구상의 운석 구덩이 분포

지금까지 발견된 운석 구덩이는 주로 북아메리카와 유럽에 많지만, 다른 지역에서도 연구가 진행된다면 더 발견될 것이다.

다가 1980년 일본 과학자들에 의해 운석의 연구 결과가 발표되면서 세상에 모습을 드러냈다. 이 운석은 1999년에 한국으로 반환되어 지금은 한국지질자원연구원에서 보관 중이다.

그렇다면 전 세계를 통틀어 운석 구덩이는 몇 개나 발견되었을까? 지금까지 확인된 것만 170개가 넘는다. 이 중 대부분이 북아메리카와 유럽에 집중되어 있다. 이것은 두 대륙에서 지질조사가 활발히 이루어졌기 때문이다. 아마 다른 지역에도 운석 구덩이는 많이 분포할 것으로 예상된다.

그럼, 잘 알려진 운석 구덩이들을 살펴보자. 미국 애리조나 주의 배링거Barringer 운석 구덩이는 지름 1,200m, 깊이 170m에 이르는 운석 구덩이로 4만 9,000년 전에 생긴 것으로 추정된다. 과거 아메리카 원주민이 살던 때부터 알려져 있던 지형으로 예전에는 화산 폭발로

▲ 배링거 운석 구덩이
화산 폭발로 만들어진 지형으로 오랜 세월 알려져왔으나 1906년 텍타이트가 발견되면서 운석 충돌로 생긴 구덩이임이 밝혀졌다.

만들어진 것이라고 생각되어왔으나, 1906년 이 지역의 지질을 조사한 배링거가 운석이 충돌할 때 생기는 텍타이트*를 발견함으로써 운석 구덩이임이 확인되었다.

캐나다 퀘벡 주의 매니쿼건Manicouagan 운석 구덩이는 지름 100km에 이르는 초대형 운석 구덩이로 생성 시기는 2억 1,000만 년 전이다. 규모가 너무 커서 땅에서는 전체적인 형태를 파악할 수 없을 정도다. 주변의 저지대에는 물이 고여 호수가 되었으며, 중앙의 섬은 우주에서 바라보면 마치 눈 모양

퉁구스카 사건의 원인 처음엔 운석 충돌로 생각했지만, 운석 구덩이나 운석 파편이 발견되지 않아 혜성 충돌로 보기도 했다. 그러나 20세기 후반 퉁구스카에 남아 있던 충돌 당시 둘질에서 고밀도의 물질들이 검출되면서 운석 충돌설이 다시 제기되었고, 2007년 12월 미 항공우주국은 두 가지 가능성 모두를 인정했다.

텍타이트 검은색 내지 황색, 녹색을 띠는 둥글고 울퉁불퉁한 표면을 가진 호두알 정도의 암석으로 운석이 지표의 암석과 충돌하면서 암석들이 고온과 고압에 의해 부서지고 바깥쪽이 약간 녹으면서 만들어진다. 이 텍타이트를 운석으로 알고 구입하는 경우가 가끔 있다.

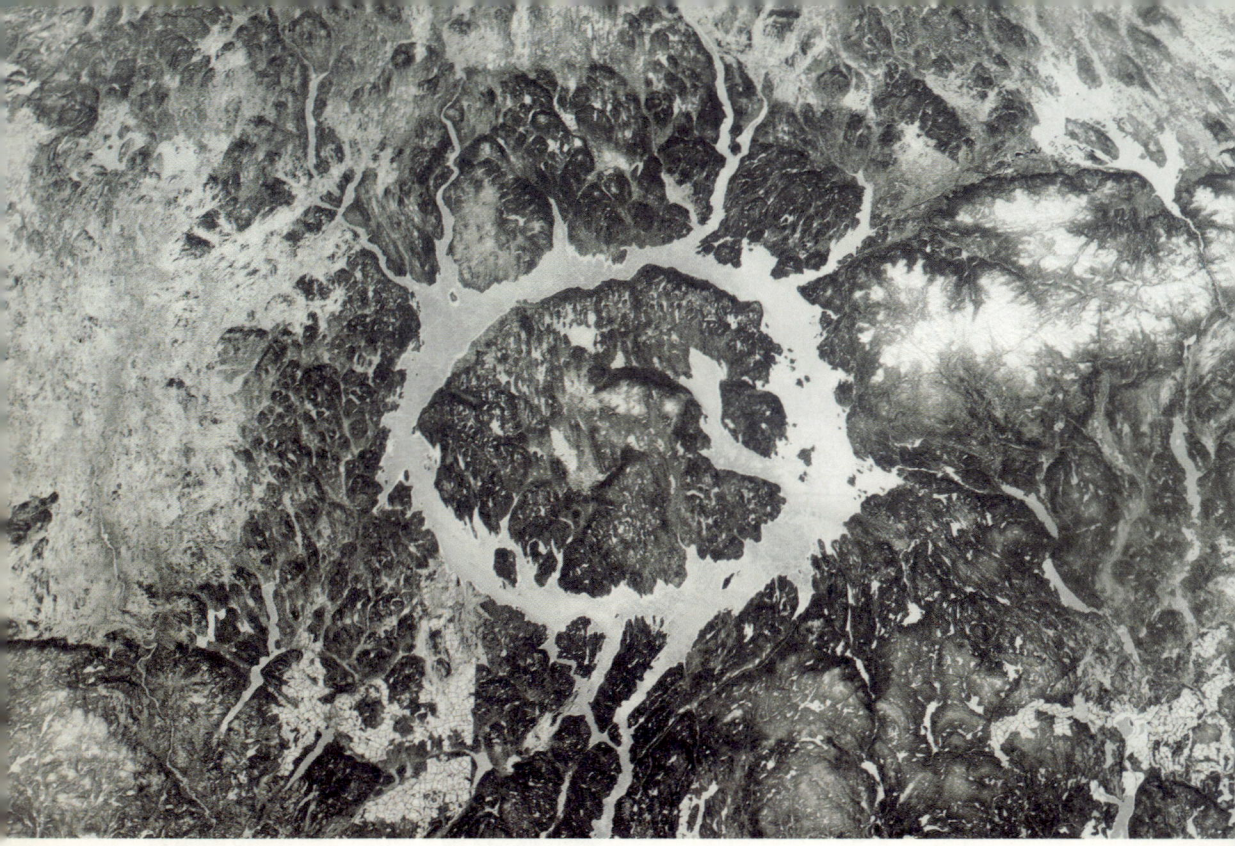

▲ **매니쿼건 운석 구덩이**
규모가 너무 커서 항공기에서도 관찰할 수 없어 인공위성으로 촬영한 모습이다.

같아 '퀘벡의 눈'이라는 별명이 붙었다. 지름 5km 정도의 소행성이 충돌해 형성된 것으로 보고 있다.

멕시코 유카탄 반도의 칙슐럽Chicxulub 운석 구덩이는 지름 170km의 초대형 운석 구덩이로 6,500만 년 전 생성된 것으로 추정하고 있다. 이 구덩이는 중심부가 바다 속에 잠겨 있고, 육지로 노출된 지역도 도시와 밀림으로 덮여 있어 확인이 어려웠으나 중력 탐사*를 통해 그 존재를 확인해냈다. 이 운석 구덩이는 중생대 공룡의 멸종을 포함한 대규모 생물 멸종과 관련이 깊은 것으로 예상되어 많은 연구가 이루어지고 있다.

중력 탐사 중력의 변화를 측정하여 지하의 지질구조나 지하 자원을 찾는 방법이다. 예를 들어, 한 지역의 중력을 측정한 결과 이 지역의 중력값이 다른 지역보다 크다면 지하에 고밀도의 물질이 있거나 아니면 다른 어떤 지질학적인 구조가 있다고 판단할 수 있다.

05 🌐 그 많던 공룡은 어디로 간 걸까?

우리들에게 가장 흥미로운 고생물, 공룡. 중생대를 풍미하던 그 수많은 공룡은 다 어디로 사라진 것일까? 공룡의 멸종은 다른 어떤 생물종의 멸종보다도 미스테리하며, 과학자들은 그 답을 찾기 위해 다양한 가설을 내놓고 있다. 그 가설들을 다시 분류해보면 다음과 같다.

첫째, 공룡 자신의 생물학적 원인이 있다. 과도한 체중 증가로 디스크가 생기고, 호르몬 이상으로 성장 불균형이 있었을 것이라는 시각이 대표적이다. 백내장으로 인한 시력 감퇴, 뇌가 작아 아둔해서 겪게 되는 부적응, 거대증과 같은 신체 기관의 특수화, 뿔의 거대한 성장, 쳐들기에 너무 무거워진 머리 등과 같은 문제들이 있었을 것으로 추측된다.

둘째, 다른 생물과의 상호작용에 의한 멸종설이 있다. 식물을 모두 먹어치운 애벌레들 혹은 포유류와의 경쟁에서 패배했다는 의견, 종족끼리도 잡아먹을 정도로 과도한 살상능력을 가진 카르노타우르스 같은 공룡들의 등장에 의한 멸종설, 속씨식물이 확산되면서 공룡의 먹이가 되는 겉씨식물과 양치류의 감소, 습지 면적이 축소되면서 생긴 식생의 변화에 의해 멸종되었다는 가설들이 있다.

셋째, 기후와 해양학적인 변화에 의한 멸종설이다. 기후가 너무 뜨거워지거나 너무 차가워져서, 혹은 기후가 너무 건조해지거나 습해져서, 그리고 기후 평형의 파괴로 인한 계절 변화 때문으로 보는 시각들이 있다. 그 밖에도 기압의 변화나 대기 구성 성분의 변화 때문으로 보는 시각, 즉 산소 비율이 증가하면서 화재가 많아져서, 혹은 대기 중에 이산화탄소량이 증가하면서 공룡 알이 질식되었을 것으로 보는 의견들이 있다.

넷째, 지구 내·외적인 요인도 있다. 갑작스런 화산 활동이나 지구 자전축의 변화, 우라늄에 의한 토양 오염, 태양 복사의 변화, 초신성의 폭발에 따른 우주선宇宙線, cosmic ray

증가, 운석의 충돌에 의한 대기 가열, 은하면의 진동 등의 가설들이 있다.

한편, 지난 2005년 영국 자연사박물관을 방문했을 때 보았던, 공룡 멸종에 관한 어린이들의 재미있는 추측을 소개한다.

덩치 큰 공룡이 자신의 배설물에 점령당해 오염되어 죽었다.

공룡의 수가 너무 많아져 자살했다.

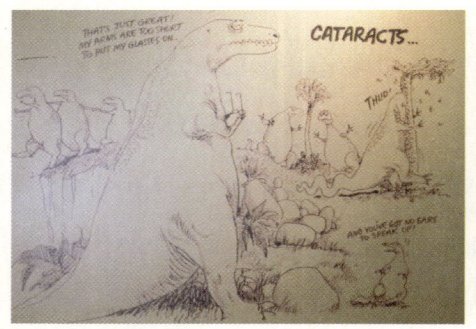

백내장에 걸려 앞을 보지 못해 죽었다.

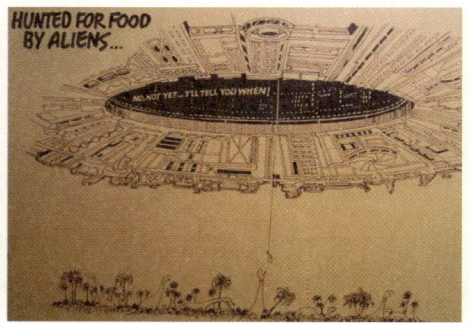

외계인들이 식량으로 쓰기 위해 잡아갔다.

06 🌐 가장 유력한 가설, 운석 충돌

공룡 멸종에 관한 좀 더 신빙성 있는 가설도 있다. 우선 대규모 화산 폭발을 생각해보자. 화산이 폭발하면 다량의 화산재와 수증기가 방출되어 지구 기후는 대혼란을 겪는다. 실제 1991년 필리핀의 피나투보 화산이 폭발했을 때 대규모 화산재가 방출되면서 지구 기온이 감소하는 사건이 생기기도 했다.

또 다른 요인으로는 판 운동에 따른 대륙 이동이 있다. 지구 물리학자인 베게너는 고생대 말에서 중생대 초, 약 2억 5,000만 년 전에 대륙이 분리되었다고 제창했다. 지구 46억 년의 역사를 감안할 때 약 40억 년간 붙어 있던 대륙이 이 시기에 갑자기 분열되었다고 보기는 어렵다. 그 이전에도 대륙은 붙었다 떨어졌다 하는 과정을 되풀이했을 것이고, 이 과정에서 대륙과 해양에 서식하던 생물은 많은 변화를 겪었을 것이다. 지구 상의 5대 멸종 사건* 중 최대 규모로 알려진 페름기 말의 멸종 사건에 대해서도, 많은 지질학자들은 지리적 변천을 주요 원인으로 제시한다.

그러나 가장 유력한 가설은 1980년 《사이언스》지를 통해 발표된 루이스 앨버레즈와 그의 아들 월터 앨버레즈의 운석충돌설이다. 이들은 6,500만 년 전에 형성된 퇴적층 곳곳에서 이리듐(Ir)을 발견했다. 이리듐은 무거운 원소로 퇴적암에는 나타나기 힘들다. 소행성의 충돌로 소행성을 이루고 있던 이리듐이 공기 중에 흩어졌다가 퇴적암에 나타난 것으로 보았고, 1990년에는 멕시코 유카탄 반도에서 그들이 제안했던 천체가 떨어지면서 생긴 것으로 추정되는 칙술럽 운석 구덩이를 발견했다.

이들의 운석충돌설을 정리해보면 다음과 같다.

이탈리아, 덴마크, 뉴질랜드에 분포하는 중생대 벽악기와 신생대 제3기의 경계층K-T Boundary에서는 무거운 원소인 이리듐이 30배 이상 농축되어 있다는 것이 밝혀졌다. 그런데 이리듐은 철과 반응성이 좋아 지구 형성 초기에 이미 밀도 차에 의해 지구 중심의 핵 부위로 몰려서 지표에서는 관찰하기 힘든 원소다.

따라서 퇴적층에서 발견되는 이리듐은 외계 천체의 충돌에 의해서 공급되거나 아니면 대규모의 화산 분출 시 지구 내부에서 공급이 가능하다. 이후 세계 각지의 K-T 경계층을 조사한 결과 역시 이리듐 층이 확인되

5대 멸종 사건 오르도비스기, 데본기, 페름기, 트라이아스기, 백악기 말에 대규모의 생물 멸종이 나타났다. 최근에는 인간에 의한 생물종의 멸종을 제6의 멸종으로 보기도 하는데, 인간의 자연 생태계 파괴를 경고한다.

었고, 강력한 천체의 충돌에 의해 형성된 것으로 보이는 석영 입자와 운석 구덩이까지 멕시코에서 발견되었다. 이들은 지구상의 이리듐의 평균 함량을 이용해, 이것이 전 지구에 고르게 덮였다고 가정했고, 이미 발견된 여러 운석에 포함된 이리듐의 평균치를 계산해 운석의 크기를 추정했다. 이렇게 추정된 운석의 크기는 지름이 약 10km 정도였다.

운석충돌설은 고생물학이나 지질학의 입장에서 본다면 현재로서는 가장 유력한 공룡 멸종에 대한 설명이다. 물론 과거 지질시대 생물들의 대량 멸종을 모두 외계 천체의 충돌에 의한 것으로만 보기는 어렵다. 중생대를 대표하던 암모나이트는 백악기 중엽부터 서서히 쇠퇴하기 시작해 백악기 말에 멸종했다는 증거들도 있다. 또, 백악기 말에 인도의 데칸 고원에서 엄청난 양의 현무암이 분출했는데 이때 지구 내부의 이리듐이 같이 방출되어 백악기 말 공룡의 대량 멸종에 영향을 주었을 것으로 보는 의견도 있다.

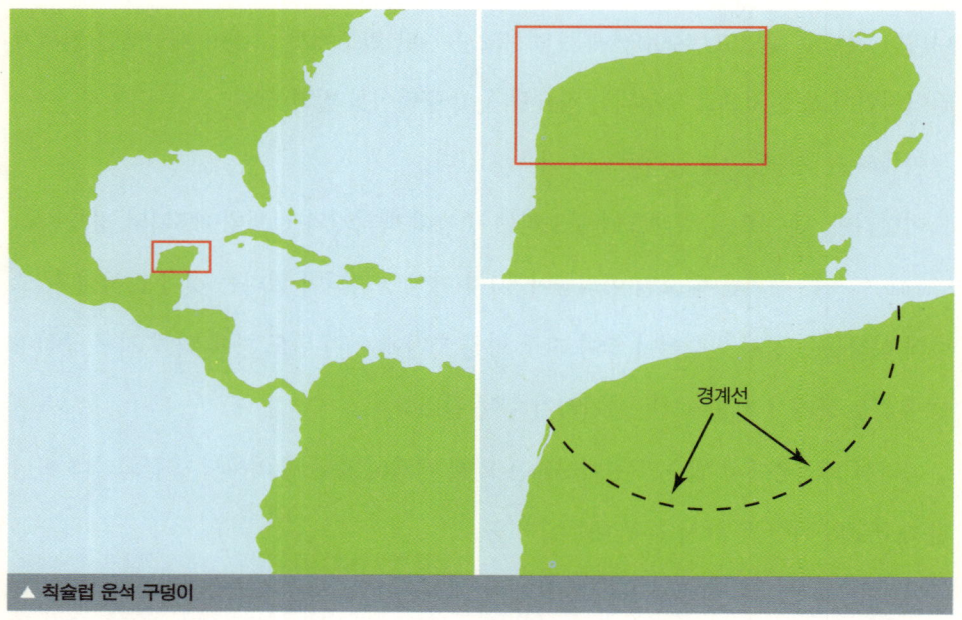

경계선

▲ 칙술럽 운석 구덩이

1990년 멕시코 유카탄 반도에서 천체가 떨어지면서 생긴 것으로 추정되는 칙술럽 운석 구덩이를 발견했다. 지름이 170km, 깊이가 900m이며 중심부는 바다 속에 잠겨 있다.

지질시대의 이름은 어디에서 온 것일까?

　　1669년 덴마크의 해부학자 스테노는 새로운 층이 이미 퇴적된 층 밑에 침전되는 것은 불가능하며, 지층의 교란이 없다면 아래 지층은 위 지층보다 오래되었다는 '지층 누중의 원리'를 발표했다.

지층을 시대별로 구분하려는 시도는 18세기 말 유럽에서 시작되었다. 이 시기는 허턴, 스미스, 라이엘과 같은 현대 지질학의 선구자들이 활동하던 시기다. 이들은 꾸준한 현장 조사와 저술을 통해 지질학의 체계를 잡아나갔고, 그 연구 결과 지질연대표가 만들어졌다.

고생대의 캄브리아기는 단단한 골격을 가진 화석이 대량으로 발견되는 시기다. 영국 웨일즈 지방에서 이 지층이 처음으로 발견되었으므로 웨일즈의 옛 이름인 캄브리아에서 이름을 가져왔다. 삼엽충 화석이 널리 분포되었던 오르도비스기와 실루리아기 역시 영국 웨일즈 지방의 부족 이름에서 유래한다. 데본기는 이 시기의 암석이 처음으로 연구된 남부 잉글랜드의 데본 지방에서 유래한 이름으로, 이 시기는 대체로 건조한 사막 환경이었다. 석탄기는 데본기가 끝나면서 식물이 번성했고 이것이 현재 사용하는 석탄이 되었기 때문에 붙여진 이름이다. 페름기는 이 지층이 처음으로 조사된 러시아의 페름 지방에서 유래한 이름으로, 이 시기에도 건조한 환경이 지속되었다.

중생대의 트라이아스기는 독일에 분포하는 이 시대의 암석이 3개의 독특한 층으로 구분되기 때문에 붙여진 이름이다. 쥐라기는 프랑스와 스위스의 국경지대에 있는 쥐라 산맥에서 유래한 시기로 해양에는 어류와 암모나이트가 번성했다. 백악기(cretaceous)는 석회질 조류가 대규모로 퇴적된 지층에서 유래한 것으로 석회의 라틴어가 크레타(creta)인 것에 유래한다.

지질시대와 지질연대				
이언	대(代)	기(紀)	세(世)	만 년 전
현생이언	신생대	제4기	홀로세	1
			플라이스토세	181
		신제3기	플라이오세	533
			마이오세	2,303
		고제3기	올리고세	3,390
			에오세	5,580
			팔레오세	6,550
	중생대	백악기		14,550
		쥐라기		19,960
		트라이아스기		25,100
	고생대	페름기		29,900
		석탄기		35,920
		데본기		41,600
		실루리아기		44,370
		오르도비스기		48,830
		캄브리아기		54,200
원생이언				250,000
시생이언				460,000

(출처: ICS 2008)

07 🌐 지구를 위협하는 천체들

1994년 인류는 실로 엄청난 우주적인 사건을 접한다. 인류가 최초로 관측한 천체 충돌인 슈메이커-레비9 혜성과 목성의 충돌이 일어났다. 그때까지 운석 충돌로 남은 운석 구덩이는 많이 보았지만, 실제 천체 충돌을 관측하는 것은 처음이었다.

이 혜성은 태양계를 떠돌다가 목성에 붙잡힌 뒤 목성의 중력으로 인해 여러 조각으로 쪼개졌고, 그 조각들이 순차적으로 목성에 충돌한 것으로 밝혀졌다. 안타깝게도 혜성이 태양계 바깥쪽에서 목성을 향해 와서 충돌했기 때문에 지구에서 충돌 장면을 직접 관찰할 수는 없었다. 그래도 불행 중 다행으로 충돌 지점으로 보이는 곳이 곧 지구에서도 관측되면서 충돌 직후의 상황은 어느 정도 확인할 수 있었다. 빠른 속도로 충돌한 조각들은 높이 솟아올라 치솟는 불덩어리를 만들어냈고 이 불꽃은 위로 어느 정도 솟아오른 뒤 납작한 버섯구름과 같은 형상을 만들었다. 관측된 구름의 크기는 거의 지구만 했다. 1994년 7월 16일에서 22일까지 7일 동안 20여 개나 되는 혜성의 조각들이 모두 목성과 충돌하면서 사라졌다.

그렇다면 이러한 천체 충돌은 행성에서만 일어나는 일일까? 천체 충돌에 의해 생기는 운석 구덩이는 지구뿐만 아니라 태양계의 천체에서도 쉽게 찾을 수 있다. 우선 가장 쉽게 볼 수 있는 달에도 수많은 운석 구덩이가 있다. 보름달이 떴을 때

▲ **혜성과 목성의 충돌 상상도**
슈메이커-레비9 혜성의 여러 조각들 중 하나에서 바라본 혜성과 목성의 충돌장면 상상도.

가장 밝게 보이는 부분(고지대)을 보면 대부분 운석 구덩이다. 반면에 어둡게 보이는 부분(달의 바다)은 현무암의 분출로 형성된 지형이다. 달의 운석 구덩이 중에는 특이한 것도 있는데, 아폴로 11호가 지난 1969년 촬영한 달의 뒷모습 중 하나로 길게 줄지어 나타난 여러 운석 구덩이를 볼 수 있다. 이는 앞서 슈메이커-레비9 혜성이 목성에 충돌하기 전 여러 조각으로 쪼개진 것과 같이, 소천체가 달에 충돌하기 전 여러 조각으로 쪼개지면서 만들어진 것으로 추정된다. 이러한 운석 구덩이는 목성의 위성인 가니메데와 칼리스토에서도 발견된다.

그렇다면 지구에서는 많이 발견되지 않는 운석 구덩이가 달이나 수성에는 왜 이렇게 많이 남아 있는 것일까? 가장 먼저 떠올릴 수 있는 답은 대기의 작용이다. 대기권은 우선 천체로 진입하는 소행성이나 혜성의 방어막 역할을 해서 이들이 지구 표면에 충돌하는 것을 막아낸다. 또 다른 원인으로는 지구의 판 운동과 같은 행성의 표면 운동이다. 비록 대기권이라는 1차 방어막을 통과한 천체가 운석 구덩이

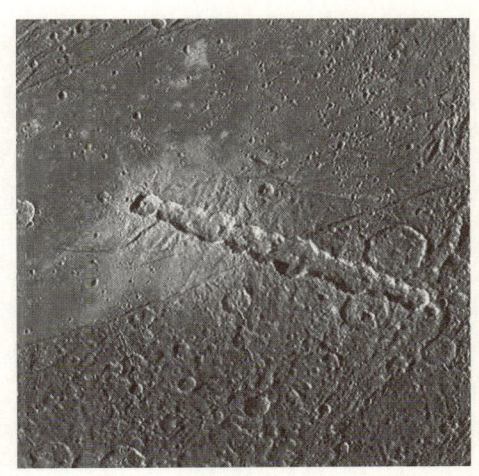

▲ **목성의 위성 가니메데에 나타난 운석 구덩이**
갈릴레오 탐사선이 1997년 촬영한 가니메데의 표면사진. 줄지어 늘어선 운석 구덩이들의 총 길이가 150km가 넘는다.

를 만들었다 해도 대륙이 충돌하거나 다른 판 아래로 내려가면서 과거의 지질학적인 기록들은 지워진다.

따라서 대기의 작용이 없고 행성의 표면 운동이 활발하지 않은 달이나 수성에서 지구보다도 더 많은 운석 구덩이가 관측되는 것이다. 달이나 수성뿐만 아니라 딱딱한 표면을 가진 금성이나 화성에도 역시 운석 구덩이는 존재한다.

1997년 호주에서 교통사고로 사망한 미국의 지질학자 유진 슈메이커(Eugene Shoemaker)는 지구가 아닌 다른 행성에 매장된 최초의 인물이다. 달 탐사선인 루나 프로스펙터(Lunar Prospector)가 달의 남극 근처에 충돌하면서 이 선구적인 행성지질학자의 뼛가루가 뿌려졌다. 죽기 직전 그는 이렇게 말했다. "달에 가보지 못하고, 나의 해머로 달을 탐사해보지 못한 것이 내 인생에서 가장 슬픈 일이다." 결국 그는 죽어서나마 꿈을 이루었다.

▲ 생전의 유진 슈메이커와 그의 부인

그는 우주비행사가 되고 싶었고, 아마 현재라면 가능했을 수도 있다. 그러나 1960년대 초반만 하더라도 우주비행사가 갖추어야 할 건강상의 조건은 지금보다 훨씬 까다로웠기 때문에 그는 사소한 건강상의 문제로 탈락했다. 그는 남은 인생을 부인인 캐롤린 슈메이커와 함께 태양계 천체 지질학, 우주의 충돌, 그리고 혜성의 발견에 바쳤다. 그는 거의 자력으로 우주 충돌에 대한 학문을 만들어냈고, 달에 착륙할 아폴로 탐사선의 대원들이 과학적인 방법으로 탐사를 할 수 있도록 교육하는 데 핵심적인 역할을 했다.

그가 유명해진 것은 1993년 그와 그의 아내, 그리고 천문학자 데이비드 레비가 함께 슈메이커-레비9 혜성을 발견하면서다. 이 혜성은 1994년 목성에 충돌했다.

과학자로서 많은 상을 받았지만, 여전히 그를 붙잡고 있는 꿈은 달 위를 걷는 것이었다. 그의 동료와 친구들은 이런 그의 꿈을 알고 있었기에 달 탐사선에 화장한 그의 유해를 담은 작은 캡슐을 실었다. 남편의 유골이 달에 가게 될 줄 꿈에도 몰랐다는 캐롤린은 1998년 루나 프로스펙터가 발사되기 직전에 이렇게 말했다. "아마도 그는 전율을 느끼고 있을 것이다."

08 🌐 천체 충돌에 대비한 우리의 준비

최근에는 소천체를 망원경으로 관찰하는 단계를 넘어 직접 소행성이나 혜성에 탐사선을 보내어 다양한 자료를 수집하고 있다. 이 분야의 선구적인 연구라면 지난 1986년 진행된 핼리 혜성에 관한 연구일 것이다.

핼리 혜성은 영국의 천문학자 에드먼드 핼리가 친구였던 뉴턴의 도움으로 궤도의 주기성을 밝힌 혜성이다. 핼리는 유럽에 자주 출몰한 혜성의 주기를 연구하여 1531, 1607, 1682년에 출몰한 혜성이 동일한 혜성이라는 결론을 내리고 이 혜성이 1757년에 다시 나타날 것으로 예측했다. 목성과 토성의 중력으로 인해 이 혜성은 예상보다 2년 늦은 1759년에 나타났지만 핼리의 예측은 거의 적중한 것이나 다름없었다. 그러나 핼리는 이 혜성을 보지 못한 채 1742년에 사망했다.

1986년 핼리 혜성이 지구에 근접했을 때는 인류의 탐사선 기술이 상당한 수준에 도달해 있었다. 핼리 혜성을 연구하기 위해 수많은 탐사선들이 발사되었는데, 유럽 우주국의 지오토Giotto, 구 소련과 프랑스의 베가Vega 1, 2, 일본의 시우세이Siusei와 사키가케Sakigake가 그들이다.

지오토는 1301년에 나타난 핼리 혜성을 〈베들레헴의 별〉이라는 그림으로 그린 중세 이탈리아 화가 지오토의 이름을 따서 지어진 탐사선이다. 여러 차례 작은 파편들에 맞

았지만, 앞서 핼리 혜성 주위를 탐사한 다른 탐사선들의 비행 자료를 바탕으로 지오토는 무사히 핼리 혜성의 핵으로부터 596km 떨어진 지점까지 접근하여 혜성의 핵을 촬영하는 데 성공했다.

이러한 혜성이 오기를 기다리는 것은 너무 지루한 일이었을까? 혜성을 찾아나서려는 노력도 이어졌다.

▲ 지오토가 그린 베들레헴의 별
그림의 가운데 부분 상단에 혜성이 표현되어 있다.

태양계로부터 멀리 떨어진 가장 추운 지역의 얼음, 가스, 먼지, 원시의 파편으로 이루어진 혜성은 태양계 진화의 단서를 쥔 타임캡슐이다. 미 항공우주국NASA의 '딥 임팩트Deep Impact' 계획은 혜성의 표면과 내부를 알아내려는 인류의 첫 번째 도전이다.

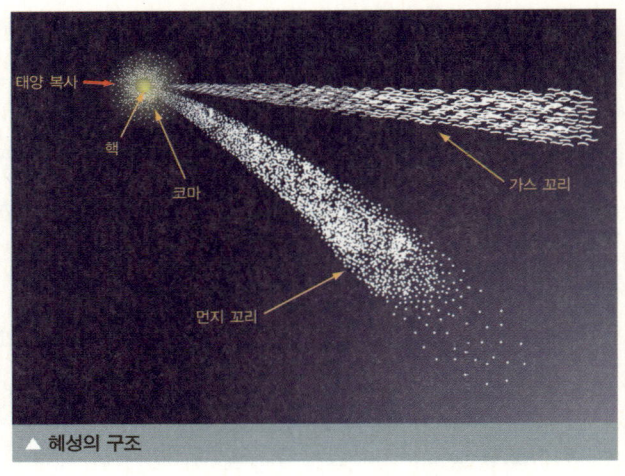

▲ 혜성의 구조

혜성의 꼬리와 코마, 핵의 모습이다. 코마는 핵의 수만 배 크기다.

2005년 7월 4일 모선과 충돌체로 이루어진 딥 임팩트 호는 템펠1 혜성에 도착했다. 과학자들은 모선에서 분리된 충돌체가 혜성과 충돌하면서 혜성에서 떨어져 나온 얼음과 먼지 파편들을 통해 혜성이 어떤 물질로 이루어져 있는지 추정할 수 있을 것으로 기대했다. 혜성의 핵 표면의 밝은 부분은 햇빛의 반사로 생겼거나 혜성의 가스 분출로 인해 일부분이 떨어져나간 자리였을 가능성이 있었다.

충돌 24시간 전에 거대한 근접 비행체가 템펠1 혜성의 매우 정밀한 위치를 보냈고, 작은 충돌체가 예정대로 우주선으로부터 혜성의 궤도에 방출되었다. 충돌체는 전지의 힘으로 작동되는 우주선으로, 방출 후 자체적으로 항로를 점검하고 혜성의 항로에 끼어들었다. 충돌체의 카메라는 충돌 몇 초 전까지 혜성의 핵 사진을 찍어 전송했다. 충돌체를 방출한 후 탐사선은 혜성으로부터 500km까지 접근해 충돌시 터져나오는 물질, 충돌 구덩이 내부의 구조와 조성 등을 관찰, 기록하는 데 성공했다.

분명 천체가 지구에 충돌할 확률은 낮다. 그러나 이러한 천체의 충돌이 전혀 일어날 가능성이 없는 것은 아니다. 우리 인류는 우주로부터의 재앙에 대비하기 위해 다양한 연구를 해야 할 것이다. 앞서 말했듯이 지구에 근접하여 지구를 위협할 가능성이 있는 천체를 지속적으로 탐색하는 한편, 이러한 지구 근접 천체를 발견했을 때, 이를 파괴하거나 지구로부터 비켜가게 할 방법을 찾는 것도 병행해야 할 일이다. 비록 당장의 일이라고 생각되지 않겠지만, 곧 닥칠 미래의 일을 준비하는 자세를 가져야 할 것이다.

어린왕자의 소행성 B612는 어디에 있을까?

국제소행성센터는 소행성으로 예상되는 천체에 대해 최소한 2일 이상 관측을 실시하여 과거에 발견된 적이 없는 소행성임이 확인되면 임시명칭을 부여한다. 이름을 붙이는 방법은 다음과 같다. 먼저, 발견한 해를 쓰고, 어느 달의 상순(또는 하순)인가를 나타내는 영문 알파벳을 쓴다. 그리고 같은 기간(매달 상순 또는 하순) 동안 몇 번째 발견된 것인가에 따라 또 영문 알파벳을 붙인

영문	기간	영문	기간
A	1월 1일 ~ 15일	B	1월 16일 ~ 31일
C	2월 1일 ~ 15일	D	2월 16일 ~ 29일
E	3월 1일 ~ 15일	F	3월 16일 ~ 31일
G	4월 1일 ~ 15일	H	4월 16일 ~ 30일
J	5월 1일 ~ 15일	K	5월 16일 ~ 31일
L	6월 1일 ~ 15일	M	6월 16일 ~ 30일
N	7월 1일 ~ 15일	O	7월 16일 ~ 30일
P	8월 1일 ~ 15일	Q	8월 16일 ~ 30일
R	9월 1일 ~ 15일	S	9월 16일 ~ 30일
T	10월 1일 ~ 15일	U	10월 16일 ~ 30일
V	11월 1일 ~ 15일	W	11월 16일 ~ 30일
X	12월 1일 ~ 15일	Y	12월 16일 ~ 30일

영문자 I는 생략했고, Z는 쓰지 않는다.

A = 1번째	F = 6번째	L = 11번째	Q = 16번째	V = 21번째
B = 2번째	G = 7번째	M =12번째	R = 17번째	W= 22번째
C = 3번째	H = 8번째	N = 13번째	S = 18번째	X = 23번째
D = 4번째	J = 9번째	O =14번째	T = 19번째	Y = 24번째
E = 5번째	K = 10번째	P = 15번째	U = 20번째	Z = 25번째

숫자와 구분하기 위해 I는 생략

다. 만일, 그 달에 같은 기간(15일) 동안 25개 이상의 소행성이 발견됐을 경우, 두 번째 영문자 뒤에 작은 아래 첨자로 숫자 '1'을 붙인다. 그리고 소행성 거수가 50을 넘으면 두 번째 영문자 뒤에 숫자 '2'를 붙인다. 이러한 방법으로 76~100번째 소행성에는 '3'을, 101~125번째 소 행성까지는 '4'를 사용한다. 예를 들어, 한국천문연구원 김승리 박사가 발견한 2000 KJ4는 2000년 5월 하순에 109번째로 발견된 소행성이다. 1925년 이전에 발견된 천체에 대해서는 19××년의 천 단위 숫자 '1' 대신 영문자 'A'를 쓴다. 예컨대, 소행성 'A904 OA'는 1904년 7월 하순 첫 번째 발견된 소행성을 뜻한다.

그렇다면 어린왕자의 소행성 B612는 언제 발견된 소행성이 될까? 사실 이 소행성의 이름은 규 칙을 벗어나 있다. 대신 1975년에 발견된 소행성 1975VM4(고유명 46610 베시두즈: 베시두즈는 B612의 프랑스어 발음)를 어린왕자의 소행성으로 일반적으로 사용하고 있다.

이러한 임시번호를 그대로 사용하는 경우도 있지만, 대부분 발견자들은 자신이 발견한 소행성 에 다른 고유명을 붙인다. 이 경우 국제소행성센터에서 발행한 고유번호 뒤에 자신의 고유명을 붙인다. 소행성의 고유명에는 한국의 천문학자들에게 아픈 기억이 있다. 한국인 이름이 붙은 최 초의 소행성 '4963 관륵'. 백제 무왕 때 왜로 건너간 관륵 스님은 불교뿐 아니라 천문학과 지리 학의 전파에도 크게 공헌한 인물이다. 이것만 보면 한국인이 발견한 것 같지만, 사실 이 소행성 은 1993년 도쿄 천문대의 후루카와 기이치로가 자신이 발견한 소행성에 일본에 천문학을 전파 해준 관륵의 이름을 붙인 것이다. 그때까지 한국은 단 하나의 소행성도 발견하지 못했다.

그러나 이것이 도화선이 되었을까? 1998년 이쾌형이 한국인 최초로 소행성을 발견하여 '23880 통일'이라는 이름을 붙인 이래 여러 개의 소행성이 한국인에 의해 발견되었다.

★ **한국인이 발견하고 이름붙인 소행성들**
통일, 보현산, 최무선, 이천, 장영실, 이순지, 허준, 홍대용, 김정호, 이원철, 유방택

★ **일본인이 발견하고 한국 이름을 붙인 소행성들**
관륵, 조경철, 현섭(서현섭), 세종, 나(나일성), 전(전상운), 광주

MAGNETOSPHERE

CHAPTER

11

지구 자기권

눈에 보이지는 않지만 강력한 태양풍으로부터 지구의 생명체를 지켜주고 있는 자기권. 자기권을 형성하는 지구 자기장은 어디에서 나오는 것일까? 아름다운 오로라는 지구 자기권과 어떤 관계가 있을까? 지구 자기권의 모든 것을 함께 알아보자.

01 🌐 지구 자기장이 뭐길래

미국 북동부 지역, 심장박동 보조기를 착용한 사람들 32명이 아무 이유 없이 동시에 심장마비로 쓰러져 사망한다. 비둘기로 유명한 런던 트라팔가 광장에서는 갑자기 비둘기들이 방향을 잃고* 벽과 동상에 부딪쳐 목숨을 잃는다. 일부는 상점의 유리창을 들이받으며 유리창을 깨기도 하고, 어떤 비둘기들은 자동차의 유리창에 부딪쳐 죽고, 깨진 유리로 다른 비둘기들이 날아들어 버스 기사를 덮치는 바람에 버스가 전복된다. 한편, 우주 탐사 임무를

▲ **영화 〈코어〉의 장면들**
지구 자기장 교란에 의해 벌어지는 사건을 다룬 영화 〈코어〉 중에서 비둘기가 버스 유리창에 부딪치는 장면, 우주왕복선이 도심 한복판에 착륙하는 장면이다.

마치고 지구로 귀환하던 우주왕복선 인데버 호는 착륙을 도와주던 자동항법장치가 고장 나면서 수백km 떨어진 로스앤젤레스 도심 한복판에 떨어진다.

다행히 현실은 아니다. 영화 〈코어〉는 지구 자기장이 사라질 경우 이런 일들이 일어날 것이라고 예상하고 있다. 실제로 이런 일이 가능할까? 지구 자기장이 무엇이길래 이렇게 엄청난 힘을 가진 것일까?

비둘기와 자기장 오래전부터 비둘기는 뛰어난 귀소본능 때문에 '전서구(傳書鳩)'라 하여 편지를 전달하거나 군사적인 정보 전달에 이용되었다. 비둘기가 지닌 탁월한 방향감각과 귀소본능은 뇌에 있는 이온과 지구 자기장의 상호작용에 의한 결과라는 사실이 1970년대에 밝혀졌다. 실제로 비둘기의 몸에 다른 자석을 붙이면 지구 자기장을 감지하지 못해 원래 목적지로 되돌아가지 못한다.

자철석이 다량으로 함유된 암석이 이미 2,000여 년 전 중국에서 발견되었지만, 지구가 거대한 자석과 같이 자성을 띠고 있다는 사실은 오랫동안 미지의 상태로 남아 있었다. 그러다가 1600년에 영국의 과학자

윌리엄 길버트는 강한 자성을 보이는 암석을 구형으로 깎아 여러 가지 실험을 통해 지구가 하나의 거대한 자석과 같다는 결과를 발표했다. 뒤이어 독일의 수학자 가우스도 수학적인 방법으로 지구 자기장의 원인이 지구 내부에 있다고 주장했다.

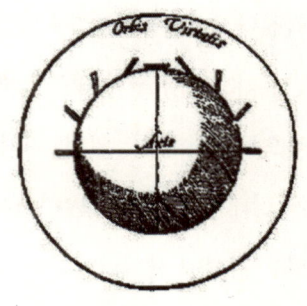

▲ **길버트의 지구 자기장 모델**
자성을 띤 바늘이 향하는 방향을 표시한 것으로, 바늘이 북쪽을 가리킬 뿐만 아니라 수평면에 대한 기울기도 변한다는 사실을 알아냈다.

그러나 1800년대 말 프랑스의 피에르 퀴리*는 강한 자성을 지니고 있던 물체도 수백 도 정도의 온도로 가열하면 자성을 잃게 되는 퀴리 온도를 발견하여 지구가 자석으로 되어 있다는 기존의 가설을 부정했다. 퀴리는 자성체들 대부분이 온도 1,000℃ 이하에서 자성을 잃는다는 사실을 입증했는데, 실제 지구상에서 가장 강한 자성광물인 자철석, 적철석, 철의 퀴리 온도는 각각 580, 680, 780℃에 불과하다. 그렇다면 지구의 자기장은 어떻게 만들어지는 것일까?

02 🌐 지구 자기장의 원리, 발전기에 있다

지구의 반지름은 약 6,400km이지만 태양의 반지름은 지구의 100배가 넘는 70만km나 된다. 지구에 비해 거대한 크기의 태양 내부에 관해서는 어느 정도 연구가 이루어져 있지만 21세기에 이른 지금까지도 인류는 지구의 내부에 대해서는 제대로 알고 있지 못하다. 그것은 지구 내부를 탐사할 방법이 닿지 않기 때문이다.

그 중에서도 가장 널리 알려진 방법은 지진파 연구다. 지진파는 지구 내부를 통과하면서 지하의 상태에 따라 속도와 성질이 달

피에르 퀴리 라듐의 발견으로 유명한 마리 퀴리의 남편으로 프랑스의 물리학자(1859~1906)다. 1903년 부인과 함께 노벨 물리학상을 수상했다.

라진다. 이러한 지진파의 변화 기록을 분석하고 실험실에서 고온고압 실험을 병행하여 간접적으로 지구의 내부 상태를 추정할 수 있다. 연구 결과, 지구 내부는 맨 바깥의 지각으로부터 맨틀, 외핵, 내핵이 있다는 것과, 외핵은 철 등의 금속 성분이 녹아 있는 액체 상태라는 사실이 밝혀졌다. 그리고 외핵의 움직임에 의해 지구 자기장이 생길 수 있다는 가설이 제기되었다.

나침반 위에 놓인 전선에 전기를 흘려주면 나침반이 움직이는 것을 본 적이 있을 것이다. 전기장의 변화(전류 변화)가 자기장(나침반의 움직임)을 만들어낸 것이다. 이를 이용한 것이 전기로 움직이는 모터다.

반대로 자기장의 변화는 전기장을 만들어낸다. 우리의 생활에 없어서는 안 될 전기는 발전소의 터빈에서 만들어진다. 발전소의 물이나 수증기는 거대한 터빈의 날개에 부딪히면서 터빈을 회전시킨다. 그러면 터빈의 회전축에 연결된 강력한 자석도 같이 회전하는데, 이 자석 주변에는 전선이 감겨 있어서 이 전선에 전기가 흐르면서 우리가 사용하는 전기가 만들어진다.

이런 방식으로 지구 내부 외핵에 있는 전기를 띤 성분들이 지구의 자전에 의해 회전을 하면 그 회전 방향(북극에서 봤을 때 시계 방향)에 대해 직각으로 지구의 자기장을 만들고, 북극 쪽이 S극, 남극 쪽이 N극의 특성을 지니게 된다. 이와 같은 '지구 발전기 이론'은 용융 상태의 외핵 안에 전하를 띤 성분들이 지구 내부의 열에 의해 끊임없이 순환하는 대류 활동으로 지구 자기장이 발생한다고 설명한다.

03 🌐 지구의 보호막, 자기권

지구 자기장이 영향을 미치는 영역을 자기권이라 한다. 자기권은 지구 자기장이 태양풍과 만나는 자기권계면을 경계로 하며, 태양풍에 의해 전체적인 경계가 밀리면서 마치 혜성과 같은 모습을 띤다.

태양풍은 태양에서 방출된 전하 입자의 흐름으로 100eV의 고에너지 전자와 1,000eV의 양성자로 구성되어 있다. 태양의 강한 중력을 빠져나온 만큼 속력도 매우 빨라서 지구 근처에서는 평균 450km/s의 엄청난 속도를 보인다. 혜성의 꼬리가 태양 반대쪽으로 생기는 것도 바로 태양풍 때문이다.

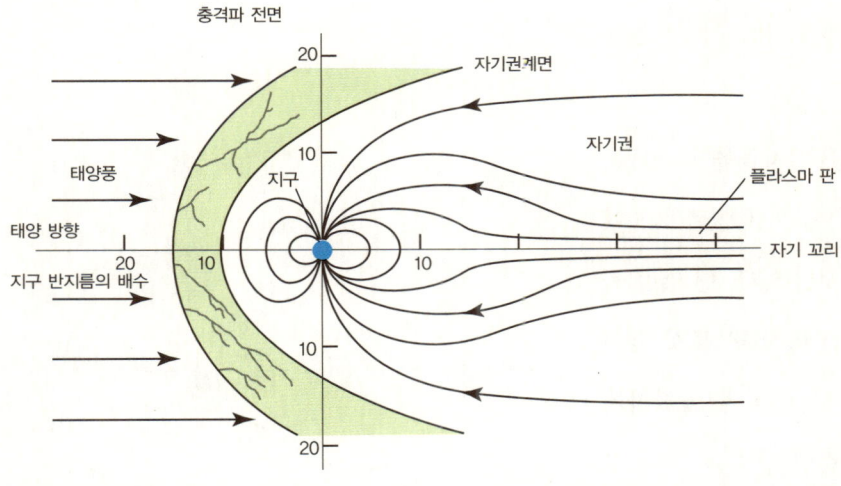

▲ 지구 자기권

태양에서 불어오는 태양풍은 지구 자기권 바깥 부분과 만나 충격파면을 형성한다. 태양 방향의 자기권은 단면이 원에 가깝지만, 태양 반대쪽으로는 긴 꼬리를 만든다.

지구는 태양의 자기장과 지구 외핵의 운동에 의해 자기장을 생성, 유지하고 있다. 과거의 지질학 자료에 기초한 고지자기 연구 결과, 지구는 만 년에서 10만 년의 주기로 자기장의 남북 방향이 바뀐다고 한다. 또한 자기장의 세기도 점점 줄어드는데, 캐나다 토론토에서 측정한 자료에 따르면 지난 160년 동안 지구 자기장의 세기가 14%나 감소한 것으로 나타났다. 다른 연구에 의하면 지구 자기장의 세기는 100년에 약 5%의 비율로 감소하고 있으며 이러한 추세라면 약 2,000년 후에는 지구 자기장이 거의 없어질 수 있다는 가설도 제기된 적이 있다.

만약 자기권이 없어진다면 우리는 태양풍을 그대로 맞게 될 것이고, 태양풍에 포함된 엄청난 에너지를 가진 입자들의 공격에 의해 지구 표면에는 어떤 생물도 살아남지 못하게 될 것이다.

04 🌐 밴 앨런 복사대와 오로라 현상

태양풍 입자들을 막아내는 자기권에는 밴 앨런 복사대라는 것이 있다. 밴 앨런 복사대는 1958년 로켓 탐사를 통해 미국의 물리학자 밴 앨런이 발견한, 도넛 모양의 방사능대다. 전기를 띤 대전입자들이 지구 자기력에 의해 붙들려 지구를 둘러싼 강력한 방사능대를 형성한 것이다.

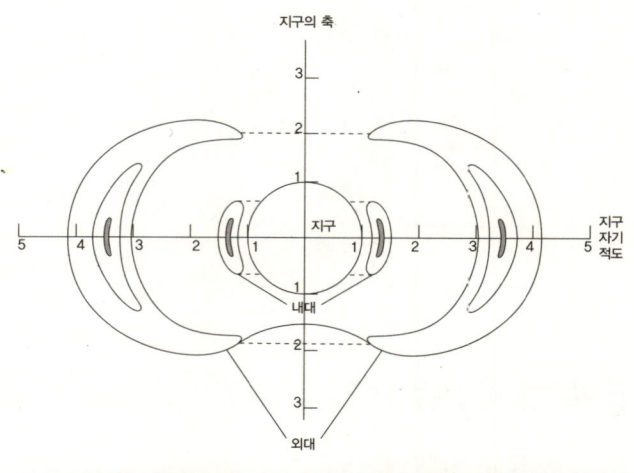

▲ **밴 앨런 복사대**

가로축과 세로축은 지구 반지름에 대한 비율이고, 그림의 폐곡선은 밴 앨런대를, 그리고 곡선 내부의 음영은 고에너지 대전 입자의 밀도를 나타낸다.

이렇게 밴 앨런 복사대의 자기장에 붙잡힌 태양풍 입자들은 전하의 특성(양전하와 음전하)에 따라 각각 남극과 북극으로 이동한다. 이들이 지표면과 만나기 전에 지구의 대기와 충돌하면서 내는 빛이 바로 오로라다. 오로라는 북반구의 고위도 지방에서는 북극

오로라의 모습
태양풍 입자가 대기 중의 산소 원자와 충돌하여 녹색의 오로라가 생겼다.

광이라 불렀는데, 북극권*이나 남극권에 가까운 지역인 알래스카, 캐나다, 그린란드, 노르웨이, 스웨덴, 핀란드, 러시아, 아이슬란드 등에서 관찰이 가능하다.

오로라는 색이 다양한데, 가장 흔한 것이 녹색으로 이것은 떨어지는 전하가 대기 중의 산소 원자와 충돌하면서 만들어진다. 산소 원자는 가끔 붉은색 오로라를 만들기도 한다. 한편, 대기 상층의 질소 분자가 풍부한 곳에서 오로라는 보라색을 띤다. 이렇게 오로라를 만드는 전하는 대기의 다른 입자들과 충돌하면 에너지를 잃어버리기 때문에 대기의 아래쪽, 즉 지표 근처에서는 오로라가 생기기 어렵다. 그래서 오로라는 대략 100km 이상의 고도에서 만들어진다.

오로라는 지구에서만 발생하는 현상일까? 아니다. 어느 정도 세기의 자기권만 있다면 다른 행성에서도 오로라 현상은 관측이 가능할 것이다. 실제로 자기장이 강한 목성이나 토성에서는 양 극지방으로 오로라가 동시에 나타나는 모습이 관측되기도 했다.

북극권 북위 66.5° 이상의 지역으로 태양이 하루 종일 지지 않는 백야(midnight sun/white night)와 태양이 뜨지 않는 극야(polar night)가 관찰되는 위도.

🔍 우리나라에서도 오로라를 보았다고?

중위도에 사는 우리들에게 오로라라는 현상은 어쩌면 동경의 대상일지도 모른다. 과거에는 하늘이 지금보다 훨씬 어두웠고, 사람들의 시력도 훨씬 좋았다는 점을 감안하면 한반도에서도 북극광의 관찰이 가능하지 않았을까?

한국천문연구원의 고천문기록 검색을 이용하면 옛 문헌에 기록된 다양한 천문 현상을 찾을 수 있다. 예를 들어 고려 현종 때 1012년 6월, 불과 같은 붉은 기운(赤氣)이 남쪽에 나타났다는 기록이 여러 차례 등장한다. 또, 공양왕 때인 1390년 3월에는 서쪽에 붉은 기운이 나타났다는 기록도 많이 나온다. 조선시대에 들어서면 붉은 기운에 대한 기록은 일일이 헤아리기 힘들 만큼 더욱 많아진다.

기록에 등장하는 붉은 기운이 무엇인지 알 수 없었으나, 최근의 연구에 따르면 이 붉은 기운에 대한 기록이 대략 11년을 주기로 나타나며, 이들이 많이 나타나는 시기가 태양의 흑점이 많아지는 시기(흑점 극대기)와 일치하는 것으로 밝혀짐에 따라 조선시대까지만 해도 한반도에서 오로라를 관찰할 수 있었던 것으로 추측하고 있다.

05 🌐 우주의 기상을 예보하다

정규뉴스 시간에 **빼놓지** 않고 제공되는 정보가 있다. 바로 일기예보다. 그런데 우주기상예보라는 것을 들어본 적이 있는가? 미 해양대기국에 있는 우주기상예보센터 www.swpc.noaa.gov에서는 매일 태양의 상태를 점검하여 우주의 기상상황을 예보한다.

왜 이런 예보가 필요할까? 지구 상공에는 수많은 위성들이 떠 있다. 이들 위성의 대부분은 태양전지판을 이용한 태양광 발전으로 필요한 전력을 충당한다. 태양이 얌전하게 있을 때는 별 문제가 없지만, 태양 표면에서 강한 폭발이 일어날 때 방출되는 많은 입자가 태양전지판에 충돌하면서 태양전지판에 손상이 생겨 위성의 수명에도 영향을 주게 된다. 또, 지면보다 높은 고도를 비행하는 항공기에도 상층 자기장의 변화는 민감하게 작용한다.

태양풍의 영향으로 지구 자기장의 교란이 심해지면, 인공위성이나 우주 공간에 있는 우주인이 피해를 입거나 위성장비들이 작동 불능 상태에 빠질 수 있다. 실제로 지구 밖에서는 인공위성이 태양풍에 의한 자기폭풍으로 입는 피해가 자주 보고되고 있다.

아주 심한 경우, 태양 표면의 폭발 현상이 지구의 전력 송전 시스템에 영향을 끼쳐 변압시설이 마비되는 경우도 있다. 실제로 1989년 3월 캐나다 퀘벡 지방에서는 변압기가 타버리면서 발전 시스템이 마비되어 9시간 동안 정전되고 통신이 두절되는 사태가 발생한 적이 있다.

06 🌐 태양풍은 무엇일까?

이처럼 끊임없이 문제를 일으키는 태양풍은 정확히 무엇일까? 1916년 노르웨이의 탐험가이자 물리학자인 비르셸란은 "물리학의 관점에서, 태양광은 음전하 혹은 양전하 어느 한쪽으로 완전히 치우친 것이 아니라, 양쪽을 모두 가지고 있는 것으로 보인다."라고 말해, 태양풍이 음전하를 띤 전자와 양전하를 띤 이온으로 구성되어 있을 것으로 예측했다.

1930년대의 과학자들은 태양 코로나*의 온도가 수백만 도일 것으로 추정했는데, 1950년대 중반 영국의 물리학자 채프먼이 코로나가 엄청난 열전도체이며 지구 궤도를 넘어선 우주까지 뻗어나가는 것을 밝혀냈다.

또한 1951년에 독일의 비더만은 혜성이 어디를 향하고 있더라도, 그 꼬리는 항상 태양으로부터 멀어지는 현상에 관심을 가졌다. 그는 태양의 복사 압력만으로는 혜성의 꼬리를 설명하기에 불충분하다는 것을 깨달아 태양으로부터 끊임없이 방출되는 입자들이 필요하다고 결론짓고, 태양이 연속적인 입자의 흐름을 내뿜어서 혜성의 꼬리를 늘어뜨린다는 가설을 세웠다.

그 후 미국의 물리학자 유진 파커는 채프먼이 제시한 태양으로부터의 열 흐름과 비더만이 제시한 혜성의 꼬리가 태양으로부터 멀어지는 방향으로 생기는 것이 같은 현상에 의해 발생한다는 사실을 밝혀냈다. 그는 태양으로부터의 거리가 멀어지면서 태양의 중력이 약해지면, 코로나 바깥쪽 대기가 태양으로부터 행성들이 존재하는 바깥 방향으로 방출된다고 설명하면서 이를 태양풍이라고 이름지었다.

1959년 1월에 소련의 인공위성인 루나 1호가 역사상 최초로 태양풍을 직접 관측하고 측정하는 데 성공했다. 1962년 발사된 미국의 마리너 2호도 금성을 탐사하던 중 태양풍을 보다 상세히 관측할 수 있었는데, 태양풍이 주로 양성자와 전자로 구성되어

코로나 태양의 내부는 핵, 복사층, 대류층으로 되어 있고 대류층의 최상부가 우리의 눈에 보이는 광구다. 광구 바로 위에 붉은 빛의 채층이 얇게 존재하고 그 위에 청백색의 코로나가 넓게 분포하고 있다. 코로나는 밀도가 낮아 평소에는 보이지 않고 개기일식이 일어나면 육안으로 관측이 가능하다.

중원소 천문학에서는 수소와 헬륨을 제외한 다른 모든 원소를 중(重)원소로 분류한다.

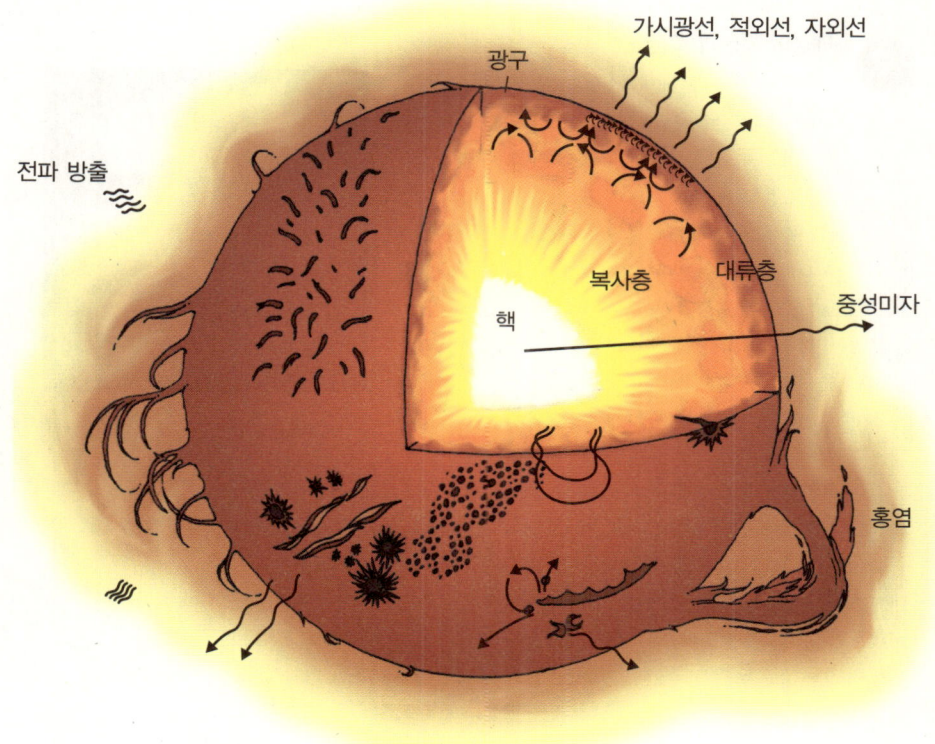

태양의 내부는 중심부인 핵과 복사층, 대류층으로 구성되어 있다-. 태양 에너지는 중심부에서 핵융합에 의해 생성된다.

있고, 그 외에 약간의 헬륨핵과 다른 중원소* 이온이 포함되어 있다고 밝혔다.

1990년대 후반, 태양 관측 위성 소호는 태양에서 뿜어져 나오는 빠른 속도의 태양풍을 관측했다. 기체의 온도가 높아지면 부피가 커지면서 팽창하는 열적인 팽창으로 설명할 수 없을 정도로 태양풍의 속도는 매우 빠르게 증가했다. 이에 대해 유진 파커는 태양풍이 광구로부터 태양 반지름의 약 4배 정도에 이르는 거리에서 음속보다 빠른 속도로 변한다고 주장했다.

태양풍은 양이온과 전자의 수가 동일하므로 전기적으로는 중성을 띠며, 평균 질량은

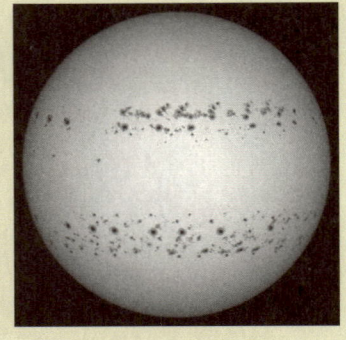
양성자의 절반 값*을 가진다. 전형적인 태양풍의 입자 밀도는 지구의 공전 궤도 근처에서는 1cm³당 5개 정도이고 속력은 평균 450km/s 정도다. 음속이 340m/s 정도이니 태양풍은 음속보다도 1,000배가 넘는 속도다.

태양은 매초 100만t의 물질을 태양풍으로 방출한다. 초당 방출량이 이 정도라면 태양의 질량이 급속히 줄어드는 것이 아닌지 우려스러울 수 있다. 그러나 태양의 질량은 지구의 30만 배가 넘는 엄청난 양이고, 앞으로도 10조 년 동안 충분히 버텨낼 수 있다. 게다가 태양의 수명이 100억 년 정도이므로 태양풍으로 모든 물질을 방출하기 전

태양풍의 질량 수소 원자는 양성자 1개와 전자 1개로 이루어지는데, 양성자의 질량이 전자 질량의 1,000배가 넘으므로 전자의 질량은 거의 무시할 만하다. 따라서 양이온과 전자를 합한 전체 질량은 양이온의 질량, 즉 양성자의 절반이 된다.

에 태양의 수명이 다할 것이다.

07 🌐 고지자기 연구와 지구 자기장의 특성

자성은 어떻게 나타날까?
암석이나 다른 물체는 다양
한 물질들로 이루어져 있는
데, 이 물질들 중에는 자성
을 가진 것들이 있다. 이 자
성을 가진 물질은 평소에는
제멋대로 배열되어 있지만,
외부에서 자기장이 가해지
면 한 방향으로 배열된다.

▲ 자북극의 이동

현재의 자북극은 캐나다 북부에 위치하고 있다. 중앙의 점은 지리상의 북극이다.

이와 비슷하게 마그마 내부에 있는 자성을 띠는 광물은 마그마가 식을 때 지구의 자기
장 방향에 맞추어 배열되면서 식는다. 또한 바다에서 서서히 가라앉으며 퇴적되는 자성
을 띤 퇴적물도 심해로 내려가면서 지구의 자기장 방향대로 배열된다. 이처럼 화성암
내부나 심해저 퇴적물 속에 남아 있는 자기장을 연구하는 것이 고지자기학인데, 고지자
기학 연구를 통해 다음과 같은 지구 자기장의 특성을 밝혀낼 수 있었다.

자석은 N극과 S극이 서로 정반대 방향에 있지만, 지구 자기장의 양극은 자석처럼 일
직선상에 서로 정반대 방향에 있지는 않으며 항상 고정되어 있지도 않다. 현재의 자북
극은 지리적으로 북극에서 약 1,800km 떨어진 캐나다 북부 허드슨 만 근처지만, 자남
극은 자북극의 정반대편에서 약간 벗어난 호주 남동쪽의 태즈메이니아 섬에서 다시 정

남쪽으로 3,000km 떨어진 지점에 위치하고 있다. 게다가 자북극의 위치도 상당히 빠르게 움직이고 있다.

지구의 자기장은 이렇게 북극과 남극이 움직이는 것 외에 장기간에 걸쳐 남북극이 뒤집히는 역전 현상도 나타난다. 지구 자기장의 역전은 자기장의 세기가 점차 줄어들다가 다시 반대 극성을 띠는 현상으로, 세계 여러 지역을 조사한 결과 평균 약 10만 년에 한 번 정도씩 역전이 일어나는 것으로 파악되었다.

이러한 지자기의 역전이 일어난다는 사실은 지질학에 엄청난 성과를 안겨주었다. 즉, 해령에서 분출한 마그마가 식으면서 지구 자기장의 방향이 기록된다는 점을 이용해, 해령 주변에 있는 화성암의 연대와 해령으로부터의 거리를 측정하고, 해령으로부터 마그마가 분출해 양 방향으로 지각(판)을 밀어내며 해저가 확장된다는 해양저 확장설까지 발전하게 되었다. 해양저 확장설은 1950년대 이후 대륙이동설의 부활과 판 구조론의 확립에 기초가 되었다.

또한 한반도의 고지자기 연구는 과거 고생대 초에 한반도가 현재의 위도가 아닌 적도 남쪽의 호주 부근에 위치했고 이후 북쪽으로 이동하여 현재의 위치로 왔음을 밝혀냈다.

08 ⊕ 자기장을 측정하는 방법

대부분의 나침반은 수평을 유지한다. 그러나 우리나라 부근에서 지구 자기장은 수평에서 무려 50° 이상 기울어져 있다. 자기의 남극 부근에서 출발한 지구 자기장은 자기의 북극 근처로 들어오는데, 북반구에 속한 우리나라는 자기장이 아래로 50° 정도 기울어져 들어가는 곳에 위치하고 있기 때문이다. 이러한 지구 자기장을 2차원의 평면으로 나타낼 수 없으므로 3차원 공간에서 자기장의 요소들을 해석한다.

그림과 같이 관측 지점에서 자기장을 측정하면 실제 지구의 자기장은 F를 따라 나타날 것이다. 이것이 전자기력이다. 이러한 전자기력과 수평면의 각도가 복각(I)이다. 우리나라에서와 같이 N극이 아래쪽으로 기울면 (+)로 나타내고 반대로

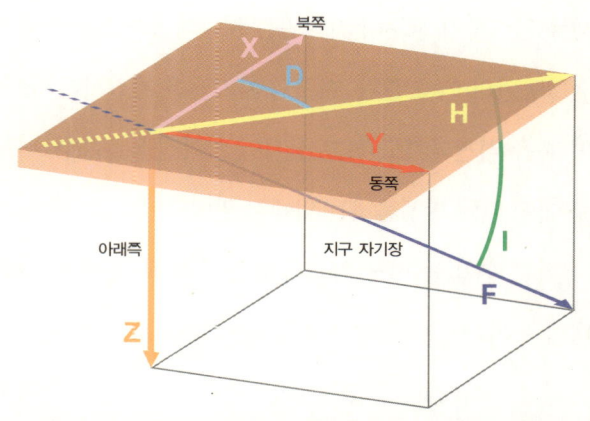

F는 전자기력, D는 편각, I는 복각, H는 수평자기력이다. 전자기력이 실제 지구 자기가 된다.

위로 기울면 (–)로 나타낸다. 한편, 전자기력을 수평면에 투영한 것을 수평자기력(H)이라고 한다. 수평자기력이 가리키는 방향과 지리상의 북극(진북) 방향 사이의 각도를 편각(D)이라고 한다. 나침반이 진북보다 동쪽을 가리키면 (+) 편각으로 서쪽을 가리키면 (–) 편각으로 표현한다. 서울의 경우 편각이 –6.5°, 복각이 54°다. 즉, 서울에서는 나침반이 진북보다 서쪽으로 6.5° 정도 틀어진다.

그러나 조심할 점은 그렇다고 해서 지구의 자북극이 서울에서 봤을 때 진북보다 서쪽에 있다고 생각해서는 안 된다. 실제로 지구 자기장은 기하학적으로 완벽하게 대칭을 이루지 않으므로, 우리나라에서 보면 자북극은 진북 방향에 대해 더 동쪽에 있다.

09 ⊕ 우리가 할 수 있는 것들

자기권의 보호를 받고 있는 지구에서 과연 우리는 어떤 대비를 하고 살아야 할까? 지구의 자기권은 우리의 일상생활에는 어떠한 영향도 미치지 않는다. 그러나 우리가 그 존

재를 인식하기 전부터 자기권은 지구의 생명체들을 우주의 공격으로부터 지켜주었다.

그동안의 연구 결과, 지구의 자기권은 지질시대 동안 그 세기가 증가하거나 감소했으며 혹은 역전되기도 하고 심지어 사라진 일도 있었다. 지구의 자기권이 사라져버릴 경우 어떤 일이 발생할지는 앞에서 알아보았다. 그러나 지구의 자기장은 우리의 과학기술이 미칠 수 없는 지구 외핵의 운동에 의해 발생하는 현상이므로, 지구 자기장의 변동에 대해 우리가 어떤 행동을 직접적으로 할 수는 없다.

결국 우리가 할 수 있는 것은 지구의 자기권에 대한 다양한 연구를 통해 그 변화를 관찰하고 자기권의 변동을 미리 예측해야 할 것이다. 그리고 아직까지 알아내지 못한 지구 자기장의 생성과 변화 원인에 대한 연구를 통해 지구의 자기장을 이해하는 일이 우선일 것이다. 그래야만 외계 태양풍의 폭격으로부터 지구를 보호해 인류의 미래를 지속적이고 안정적으로 유지할 수 있을 것이다.

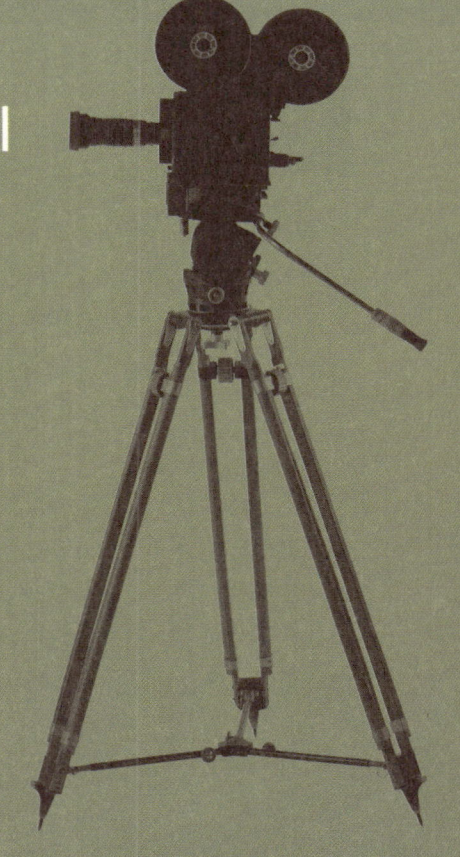

Deep Impact
Amageddon
The Day After Tommorrow
Dante's Peak
Twister
The Core

영화 속 천재지변 이야기

딥임팩트
Deep Impact

SF, 드라마 | 감독 미미 레더 | 1998년 개봉작 | 120분

혜성과 지구의 충돌 위기를 다룬 영화. 지름 10km, 무게 5,000억t짜리 혜성이 지구를 향해 날아온다. 충돌 예상 지점은 대서양. 이 혜성이 그대로 대서양으로 떨어진다면 인류는 멸종되고 말 것이다. 혜성을 폭파시켜 산산조각 내려는 계획이 실패로 돌아가면서, 인류 생존을 위해 '노아의 방주' 계획을 세우는데…… 혜성 충돌에 의한 재난과 위험성을 실감나게 그렸다.

관람 포인트

혜성 충돌시 지구가 입을 피해규모는 실제로 얼마나 될까?

10km짜리 혜성이 지구와 충돌했을 때 만들어지는 구덩이의 크기는 지름 200km, 깊이 40km가 넘는다. 운석이 떨어진 곳에서 주변 200km의 모든 생명체가 사라진다는 얘기다. 더 무서운 것은 충돌시에 발생한 충격파로 인해 전 세계의 화산이 폭발하고 리히터 규모 13의 지진이 발생해 전 세계적으로 커다란 피해를 입게 될 것이라는 점이다. 역사상 가장 큰 지진이 리히터 규모 8이었으니, 리히터 규모 13의 지진은 아직 인류가 경험해보지 못한 규모다.

이처럼 큰 규모의 충돌이 일어날 확률은 얼마나 될까?

통계를 확인해보면 지름 40km 이상의 운석 구덩이는 신생대 이후인 6,550만 년 동안 5개가 생겼으므로, 거의 1,000만 년에 한 번 정도는 대규모의 충돌이 일어나는 꼴이다. 가장 최근에 떨어진 대규모 운석은 500만 년 전 타지키스탄에 떨어진 52km짜리 운석이다. 확률로만 따지면 다음 번 대규모 충돌은 수백만 년 후에 일어날 것으로 보이지만 자연현상은 확률대로 일어나지 않는다.

아마겟돈
Amageddon

SF, 드라마, 멜로 | 감독 마이클 베이 | 1998년 개봉작 | 145분

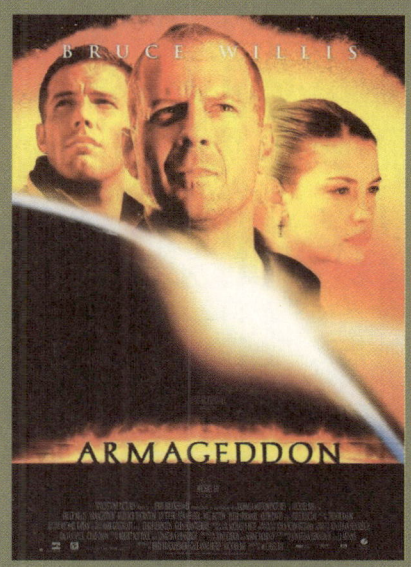

혜성보다 수십 배 큰 규모의 소행성과 지구의 충돌에 관한 영화다. 지름 900km로 텍사스 크기만 한 소행성이 시속 5만km의 속도로 지구를 향해 돌진한다. 충돌 예상일은 18일 후. 최고의 굴착전문가들이 소행성 안에 240m 깊이의 구멍을 뚫고 핵폭탄을 넣어 소행성을 폭파시키기 위해 고군분투한다. 과학적인 사실성보다 드라마적인 재미가 더 큰 영화다.

관람 포인트

지름 900km짜리 소행성을 핵폭탄으로 폭파시킬 수 있을까?

지름 900km짜리 소행성을 폭파시키려면 1억 1,700만 개의 핵폭탄이 필요하다. 하지만 전 세계에서 보유한 핵폭탄은 1,000여 기 정도라고 하니 지구상의 모든 핵폭탄을 긁어모아도 900km짜리 소행성을 폭파시키기란 역부족이다. 하지만 천체전문가들에 따르면 지구를 향해 다가오는 이처럼 큰 소행성의 존재를 불과 18일 전에 발견하는 일은 말도 안 된다고 한다. 영화에서처럼 극단적인 상황이 일어날 확률은 매우 적다는 얘기니 모두 안심하시길.

핵폭탄처럼 무모한 방법 말고 천체 충돌을 막을 다른 방법은 없을까?

최근에 연구되고 있는 것은 인공위성을 이용해 천체의 궤도를 바꾸는 방법이다. 거울을 많이 가지고 있는 인공위성들을 행성에 보내서 거울에서 반사된 태양빛으로 행성 내부의 수증기를 증발시키는 것이다. 무게가 달라지면 궤도가 변경된다는 원리에서 착안한 방법이다. 또 태양돛을 활용하는 방법이 있다. 행성에 돛을 달아 태양풍의 영향을 받게 해 궤도를 변경시키는 것이다. 우주 공간에서도 핵폭탄을 쓰는 것은 최후의 선택이 되어야 한다.

투머로우
The Day After Tomorrow

액션, SF, 드라마 | 감독 롤랜드 에머리히 | 2004년 개봉작 | 123분

지구 온난화가 초래한 기상 이변으로 지구에 빙하기가 시작되면서 인류가 최악의 위기를 맞게 된다는 설정의 재난영화. 남극에서 빙하를 탐사하던 한 기후학자가 지구 기후에 변화가 생길 것을 감지하고 환경관련 국제회의에서 지구 온난화로 빙하기가 도래할 수 있음을 경고하지만 그의 의견은 묵살된다. 그러나 전 세계에서 이상 기후 현상이 나타나면서 상황은 점점 더 악화된다. 아들을 구하기 위해 강추위에 얼어붙은 뉴욕으로 가는 기후학자와 그 가족의 빙하기 속에서 살아남기 위한 여정이 그려진다.

**관람
포인트**

지구 온난화가 어떻게 빙하기를 초래하는가?

영화에서는 지구 온난화가 진행되면 해양 대순환이 멈춰 빙하기가 온다고 설명한다. 해양 대순환이란 바닷물이 적도 지방의 과잉 에너지를 극 지방으로 실어 날라서 기온을 일정하게 유지시키는 지구의 난방체계다. 극 지방의 바닷물은 물이 동결되면서 염분의 비율이 높아져 밀도가 높은 심층수가 만들어지는데, 무거운 심층수가 가라앉은 자리로 적도의 난류가 이동해 오면서 순환이 발생한다. 지구 온난화에 의해 빙하가 녹아내리면 심층수가 생기지 않게 되고 따라서 해양 대순환이 멈춰져 빙하기가 도래한다는 것. 실제로 1만 년 전의 영거 드라이아스기는 이와 같은 이유로 초래된 빙하기다. 비록 영화에서처럼 빠른 속도로 빙하기가 도래하지는 않겠지만 지구 온난화와 빙하기의 관계에 대한 설명은 과학적으로 충분히 설득력 있는 가정이다.

단테스피크
Dante's Peak

드라마 | 감독 로저 도날드슨 | 1997년 개봉작 | 112분

작은 마을 단테스피크를 덮친 화산 폭발을 그린 재난영화. 단테스피크의 세인트헬렌스 산 화산 활동을 조사하러 온 지질학자는 화산 폭발의 징후를 포착하고 마을주민들을 대피시킬 것을 마을에 건의한다. 하지만 마을의 시장은 확실한 증거도 없이 7,400명의 주민을 대피하는 일이 현실적으로 어렵다는 입장을 보인다. 화산을 이용한 관광사업으로 지역경제를 꾸려가고 있는 마을에서 한 사람의 말만 믿고 주민들을 대피시켰다가 화산 폭발에 관한 예측이 틀렸을 경우 발생할 손실이 너무 크다는 것. 하지만 예기치 못한 시점에 화산이 폭발하면서 미처 대피하지 못한 주민들로 마을은 일대 혼란에 휩싸인다.

관람 포인트

화산 폭발과 함께 쏟아지는 화산재의 위력

화산 재해는 용암보다 화산재에 의한 피해가 더 크다. 실제로 기원후 79년의 베수비오 화산 폭발은 24시간 만에 5~6m 두께의 화산재로 폼페이를 덮어버렸다. 이날 18시간 동안 뿜어낸 화산재와 암석 파편은 100억t에 달했던 것으로 추정된다. 영화에서도 화산에서 분출한 화산재가 검은 구름을 이루고 산을 따라 쏟아져내리면서 주인공이 탄 차를 위협하는 장면이 나온다. 검은 구름은 화산이 폭발하면서 화산재와 암석 파편 등이 화산 가스와 함께 뜨거운 구름을 형성한 열운이다. 열운은 온도가 수백°C에 달하고 이동 속도도 시속 360km가량으로 매우 빨라 큰 피해를 일으키는 무시무시한 현상이다. 물론 영화의 주인공은 열운의 추격을 아슬아슬하게 피해 동굴로 숨는 센스를 발휘해 살아남는다.

255

트위스터
Twister

스릴러, 액션 | 감독 장 드봉 | 1996년 개봉작 | 107분

토네이도를 쫓아 연구 분석하며 확실한 예보 시스템을 개발하려는 '토네이도 추적자'들의 이야기. 주인공은 토네이도 계측기를 토네이도 안으로 밀어넣어서 지금까지 알지 못했던 토네이도의 실체를 밝혀내려는 연구자다. 하지만 토네이도의 위력 앞에서 토네이도 안으로 계측기를 넣으려는 시도는 번번이 실패로 돌아간다. 한편, 배신한 옛 동료와 경쟁하는 가운데, F5급 토네이도가 형성되고 하나 남은 계측기로 마지막 사투를 벌인다. F1급부터 F5급까지 다양한 토네이도가 등장한다.

관람 포인트

실제로 토네이도를 따라다니는 사람들이 있을까?

토네이도의 정체를 연구할 때 가장 큰 어려움은 토네이도 자체에 대한 정확한 정보를 얻기 어렵다는 사실이다. 워낙 순식간에 발생했다가 금방 사라지고, 가까이 다가가는 일도 너무 위험하기 때문이다. 1980년대에는 영화에서와 같이 토네이도 연구자들이 관측기기를 트럭에 싣고 다니다가 토네이도가 진행하는 길목에 설치하기도 했다. 물론 토네이도 근처까지 다가가 기기를 직접 밀어넣고 오는 것은 무모한 방법으로 영화에서는 극적 긴장감을 주기 위해 나온 것 같다. 실제로는 무선 조종 비행기나 자동차 등에 센서를 달아 토네이도 안에 들여보낸 적은 있었다. 근래에는 토네이도 추적자라고 하면 토네이도가 발생하는 곳이면 어디든지 달려가 사진과 동영상을 찍어 이를 판매하는 사람들을 가리키기도 한다.

코어
The Core

SF, 액션, 스릴러 | 감독 존 아미엘 | 2003년 개봉작 | 130분

인공지진으로 적을 공격하는 비밀병기 데스티니를 개발한 후, 인공지진에 의해 지구 핵의 순환이 멈추는 사고가 발생한다. 지구 핵 순환이 멈추자 지구 자기장이 소멸되면서 방향감각을 잃은 비둘기들이 여기저기 부딪히고 심장박동기를 달았던 사람들은 심장마비로 쓰러지는 등 각종 사고가 발생한다. 지구의 핵에 핵폭탄을 터뜨려 다시 회전시키기 위해 특별팀이 조직되고 지구 핵을 향해 내려가는 프로젝트가 시작된다.

관람 포인트

지구 코어(핵)의 자전과 자기장은 어떤 관계가 있을까?

자력은 전기력을 만들고, 반대로 전기력이 자기장을 만들 수도 있다. 이 원리로 만들어진 것이 발전기다. 지구 외핵은 철과 니켈 등 금속 성분들이 녹아 있는 액체 상태다. 지구의 자전에 의해 이 액체 상태의 철 성분이 회전하면서 지구 자기장을 만드는 것이다. 이것이 '다이나모(발전기) 이론'으로, 지구 자기장의 발생을 설명하는 가장 유력한 이론이다.

인간의 기술로 지구 코어까지 접근할 수 있을까?

지금까지 인간의 기술력으로 파낼 수 있었던 최대 깊이는 12km다. 지구 외핵까지의 깊이가 2,900km이니 현재의 기술로는 지구의 코어에 접근한다는 것은 불가능하다. 그러니까 인공지진 같은 비밀병기 따위를 만들어 자연의 흐름을 거스르는 어리석은 짓은 하지 말아야겠지?

257

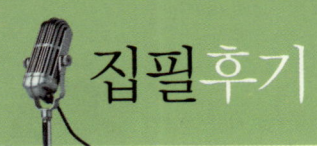
집필후기

강석철 선생님   지구 온난화 편

2007년에 일본의 달 탐사선 가구야는 풀 한포기 나지 않는 황량한 달 지평선을 배경으로 파랗게 보이는 아름다운 지구를 HDTV로 촬영했다. 생명력이 넘치는 아름다운 행성인 지구에 위기가 다가오고 있다. 자원의 낭비를 최소화하는 소비와 생활습관으로 아름다운 지구를 지키는 일에 관심을 가졌으면 한다.

김준영 선생님   번개 편

사람들에게 자연재해란 두렵고 알기 어려운 현상이다. 그래서 다가가기 힘들다고 생각한다. 하지만 그렇지 않다. 2007년 여름에 미국 미시간 주로 연수를 갔을 때, 몇몇 과학박물관을 둘러보는 기회가 있었다. 그곳에는 실제 천재지변을 조그만 규모로 축소하여 만든 체험전시물이 있었다. 사람들은 호기심과 흥미를 가지고 체험전시물을 이용하고 있었다. 여러분이 이 책을 읽고 비록 체험을 할 수는 없더라도 천재지변에 호기심과 흥미를 가졌으면 한다. 그래서 우리가 살고 있는 지구에 조금이나마 애정을 가져주길 희망해본다.

김지연 선생님   대기오염 편

황사, 스모그, 산성비와 같은 대기오염을 피할 수 있는 곳이 지구 안에 있을까? 인류는 지구라는 한 배를 타고 있다. 아름다운 지구를 우리 후손들도 누릴 수 있도록 해야 한다. 지구호의 난파를 막기 위한 우리 모두의 실천이 너무 늦지 않기를 바라며……

박정웅 선생님   화산 편

천재지변에 관하여 학생들이 쉽게 이해할 수 있도록 글을 써보려고 했는데 쉬운 일이 아니네요. 많이 부족함을 느꼈습니다. 이 책을 통해 조금이나마 자연현상에 흥미를 가지고, 자연을 바르게 이해하는 계기가 되었으면 합니다.

박창용 선생님   천체 충돌, 지구 자기권 편

말로 한다는 것! 정말 쉽습니다. 허공 속에 파동으로 흩어지잖아요. 글을 쓴다는 것! 정말 어렵습니다. 책 속에 문자로 영영 남잖아요. 아무것도 하지 않는 것! 정말 쉽습니다만, 허무하잖아요. 남보다 많이 알아서 글을 쓴다기보다는 내가 알고 있는 바를 조금이나마 정리해보기 위해 시작했습니다. 역시 지식(진리)의 바다는 광활하고 저 자신은 그 해안에서 놀고 있는 어린아이더군요. 이 책을 쓰면서 나 자신의 지식의 천박함을 다시금 느꼈지만, 독자들이 조금이나마 천재지변에 대한 생각을 다시 해보게 하는 계기를 마련하는 것만으로 제 할 일은 했다고 위로하려 합니다.

이병화 선생님   물 부족 편

'물 부족이다, 아니다.' 하는 의견이 분분하다. 이권과 관련하여 이 둘을 이분법적으로 이해하려는 사람들이 있기 때문이다. 이들에게 '자연은 더불어 살아가야 할 존재'라는 말을 전하고 싶다. 미래를 향해 걸어야 할 우리의 길이 사회적인 합의 없이 소수의 그릇된 사람들에 의해 험난해지지 않길 기대한다.

전영호 선생님   지진 편

여러 선생님과 함께 책을 준비하면서 오히려 많이 배운 것 같다. 천재지변의 문제가 한층 더 가까이 다가온 요즈음, 우리의 작은 시도가 의미 있는 작업이었기를 소망해본다.

조후자 선생님   산사태 편

우리 주변의 자연현상을 아무 생각 없이 지나쳐버리는 경우가 많은데 이 책을 통해 흔히 일어나는 자연현상이라도 좀 더 주의 깊게 살펴보고 관심을 가지는 계기가 되길 바랍니다. 자연과학을 공부하고자 하는 학생들에게, 나아가 우리 주변 환경에 대해 조금이라도 알고 싶어하는 모든 사람들에게 자연에 대한 관심을 불러일으킬 수 있다면 더 이상 바랄 게 없겠어요.

황석규 선생님   태풍, 토네이도 편

세상을 살아가는 동안 혼자가 아닌 여럿이 함께 해서 행복한 일들이 많습니다. 언제 어디서나 기쁨과 슬픔을 함께 하는 가족의 사랑이 그러하고, 함께 공부하고 배우는 자탐학교 선생님들과의 만남이 그러하고, 빛나는 별 하나씩을 가슴에 품은 예쁜 제자들과의 따뜻한 교감이 그러합니다. 함께 이루어 더욱 뜻 깊은 이 작은 결실이 많은 사람들에게 좋은 의미가 되길 진심으로 바랍니다.

찾아보기

아

자